OPERAÇÃO FERROVIÁRIA

PLANEJAMENTO, DIMENSIONAMENTO E ACOMPANHAMENTO

O GEN | Grupo Editorial Nacional, a maior plataforma editorial no segmento CTP (científico, técnico e profissional), publica nas áreas de saúde, ciências exatas, jurídicas, sociais aplicadas, humanas e de concursos, além de prover serviços direcionados a educação, capacitação médica continuada e preparação para concursos. Conheça nosso catálogo, composto por mais de cinco mil obras e três mil e-books, em www.grupogen.com.br.

As editoras que integram o GEN, respeitadas no mercado editorial, construíram catálogos inigualáveis, com obras decisivas na formação acadêmica e no aperfeiçoamento de várias gerações de profissionais e de estudantes de Administração, Direito, Engenharia, Enfermagem, Fisioterapia, Medicina, Odontologia, Educação Física e muitas outras ciências, tendo se tornado sinônimo de seriedade e respeito.

Nossa missão é prover o melhor conteúdo científico e distribuí-lo de maneira flexível e conveniente, a preços justos, gerando benefícios e servindo a autores, docentes, livreiros, funcionários, colaboradores e acionistas.

Nosso comportamento ético incondicional e nossa responsabilidade social e ambiental são reforçados pela natureza educacional de nossa atividade, sem comprometer o crescimento contínuo e a rentabilidade do grupo.

OPERAÇÃO FERROVIÁRIA

PLANEJAMENTO, DIMENSIONAMENTO E ACOMPANHAMENTO

Rodrigo de Alvarenga Rosa

O autor e a editora empenharam-se para citar adequadamente e dar o devido crédito a todos os detentores dos direitos autorais de qualquer material utilizado neste livro, dispondo-se a possíveis acertos caso, inadvertidamente, a identificação de algum deles tenha sido omitida.

Não é responsabilidade da editora nem do autor a ocorrência de eventuais perdas ou danos a pessoas ou bens que tenham origem no uso desta publicação.

Apesar dos melhores esforços do autor, do editor e dos revisores, é inevitável que surjam erros no texto. Assim, são bem-vindas as comunicações de usuários sobre correções ou sugestões referentes ao conteúdo ou ao nível pedagógico que auxiliem o aprimoramento de edições futuras. Os comentários dos leitores podem ser encaminhados à **LTC — Livros Técnicos e Científicos Editora** pelo e-mail ltc@grupogen.com.br.

Direitos exclusivos para a língua portuguesa
Copyright © 2016 by
LTC — Livros Técnicos e Científicos Editora Ltda.
Uma editora integrante do GEN | Grupo Editorial Nacional

Reservados todos os direitos. É proibida a duplicação ou reprodução deste volume, no todo ou em parte, sob quaisquer formas ou por quaisquer meios (eletrônico, mecânico, gravação, fotocópia, distribuição na internet ou outros), sem permissão expressa da editora.

Travessa do Ouvidor, 11
Rio de Janeiro, RJ — CEP 20040-040
Tels.: 21-3543-0770 / 11-5080-0770
Fax: 21-3543-0896
ltc@grupogen.com.br
www.ltceditora.com.br

Designer de capa: Thallys Bezerra

Editoração Eletrônica: *Alsan Serviços de Editoração Ltda.*

CIP-BRASIL. CATALOGAÇÃO NA PUBLICAÇÃO
SINDICATO NACIONAL DOS EDITORES DE LIVROS, RJ

R695o

Rosa, Rodrigo de Alvarenga
Operação ferroviária: planejamento, dimensionamento e acompanhamento / Rodrigo de Alvarenga Rosa - 1. ed. - Rio de Janeiro : LTC, 2016.
il. ; 24 cm.

Inclui bibliografia e índice
ISBN 978-85-216-2508-7

1. Engenharia ferroviária - Brasil. 2. Ferrovias - Brasil. I. Título.

| 13-05241 | CDD: 625.1 |
| | CDU: 625.1/.5(81) |

À minha família.

"Embora ninguém possa voltar atrás e fazer um novo começo, qualquer um pode começar agora a fazer um novo fim."

Francisco Cândido Xavier

Agradecimentos

Primeiramente, e sempre, agradeço a Deus, pois sem ele nenhuma conquista é possível. Agradeço ao Professor José Heleno Ferracioli Nunes pelo convite e pela oportunidade de lecionar em diversos cursos de Pós-Graduação em Engenharia Ferroviária em diversos estados brasileiros e também em Moçambique. Além da oportunidade de lecionar nesses cursos, o amigo José Heleno sempre incentivou e apoiou a melhoria do conteúdo deste livro.

Agradeço a todos os profissionais da Vale S/A, VLI S/A, FCA S/A, Caminhos de Ferro de Moçambique que sempre me proporcionaram o acesso aos conteúdos de suas empresas, bem como a oportunidade de conviver com as operações de suas ferrovias colaborando, em muito, para que o conteúdo deste livro se tornasse bastante rico.

Agradeço a todos os profissionais das escolas de ensino superior da Pontifícia Universidade Católica (PUC), Belo Horizonte, UNIVIX, Vitória, Centro Federal de Educação Tecnológica do Espírito Santo (CEFET-ES), Campus Cariacica, Unidade de Ensino Superior Dom Bosco (UNDB), São Luís, e Instituto Superior de Transportes e Comunicações (ISUTC), Moçambique, que por seus esforços propiciaram condições para que os cursos de Pós-Graduação em Engenharia Ferroviária pudessem ocorrer.

Por fim, agradeço à LTC pelo apoio e pela confiança no trabalho desenvolvido neste livro.

O Autor

Material Suplementar

Este livro conta com o seguinte material suplementar:

- Ilustrações da obra em formato de apresentação (restrito a docentes)

O acesso ao material suplementar é gratuito, bastando que o leitor se cadastre em: http://gen-io.grupogen.com.br.

GEN-IO (GEN | Informação Online) é o repositório de materiais suplementares e de serviços relacionados com livros publicados pelo GEN | Grupo Editorial Nacional, maior conglomerado brasileiro de editoras do ramo científico-técnico-profissional, composto por Guanabara Koogan, Santos, Roca, AC Farmacêutica, Forense, Método, Atlas, LTC, E.P.U. e Forense Universitária. Os materiais suplementares ficam disponíveis para acesso durante a vigência das edições atuais dos livros a que eles correspondem.

Apresentação

Na área ferroviária, muitos livros foram escritos com foco na Engenharia Civil da construção da ferrovia, na Engenharia Mecânica do material rodante e na Engenharia Elétrica da sinalização e comunicação. Porém, poucas obras se dedicaram exclusivamente à operação ferroviária.

A operação ferroviária é de extrema importância para a organização da ferrovia e confere seu caráter sistêmico, fazendo com que todas as áreas possam coexistir em harmonia. A maximização do uso dos ativos visando um maior volume de transporte com respeito às pessoas e ao meio ambiente torna-se, portanto, o objetivo final da operação ferroviária.

Este livro se propõe a apresentar o tema desde sua concepção mais básica, passando pelos conceitos de circulação de trens e pátios ferroviários, até a abordagem em detalhes do planejamento da circulação dos trens e seus gráficos, cálculos de capacidade da via singela e dupla, cálculo do número de ativos, vagões e locomotivas, necessários para atender a um fluxo de transporte.

Enfoca ainda todos os detalhes de projeto, cálculo de áreas e armazéns, planejamento e operação de pátios ferroviários e contempla os indicadores para acompanhamento da operação ferroviária. Por fim, são apresentados conhecimentos básicos de material rodante, vagões e locomotivas, sinalização e comunicação, tudo visando auxiliar os leitores que não tenham conhecimento dessas áreas que são muito específicas.

Neste contexto, espera-se que este livro possa ser usado, sobretudo, para cursos de graduação e pós-graduação em engenharia, de qualquer especialidade, e administração, ou ainda nos cursos de mestrado e doutorado da área de transporte.

O livro apresenta o conteúdo estruturado em capítulos que são descritos a seguir.

No primeiro capítulo, é abordada a caracterização de uma ferrovia. No segundo capítulo, a operação ferroviária é apresentada. O conceito de trem ou composição ferroviária é definido no Capítulo 3, onde também são apresentados os conceitos de freio, licenciamento, os tipos de manobra, além da equipagem de trens de carga e de passageiros.

O Capítulo 4 descreve o Centro de Controle Operacional (CCO), suas operações e sua equipe.

O Capítulo 5 tem por objetivo ensinar a realizar o planejamento da circulação de trens, apresentando conceitos (linha singela e linha dupla), pátios de cruzamento, grade de trens, seção de bloqueio e gráfico de circulação de trens. Uma vez explicados os conceitos, o passo a passo de como planejar a circulação da ferrovia por meio do gráfico de trens é apresentado em forma de um exemplo prático.

O Capítulo 6, com base nos conhecimentos adquiridos no Capítulo 5, conceitua inicialmente o que é capacidade, quais tipos existem e como realizar o cálculo da capacidade de circulação e de transporte de uma ferrovia. Por fim, o capítulo analisa as estratégias que podem ser usadas para aumentar a capacidade da ferrovia.

O Capítulo 7 apresenta a metodologia de cálculo dos recursos necessários para atender a um fluxo de transporte, vagões, locomotivas e equipagem. Conceitos importantes sobre rotação e ciclo de vagões também são apresentados. Um exemplo é apresentado visando mostrar a aplicação prática da metodologia.

No Capítulo 8, inicia-se o estudo de pátios ferroviários com sua definição e as decisões a serem tomadas em relação à escolha do local de um pátio. Para facilitar o conhecimento, são listados os termos mais usuais no dia a dia da operação dos pátios ferroviários. Uma taxonomia dos pátios também é apresentada, além dos conceitos sobre as estações ferroviárias.

O Capítulo 9 apresenta o pátio de manobra, seus diversos tipos, suas subdivisões, recepção, classificação e formação. No Capítulo 10, os terminais ferroviários são detalhados por tipos de carga. O Capítulo 11 aborda uma metodologia para cálculo do projeto de um pátio ferroviário, dimensionando as linhas férreas, as locomotivas de manobra, as instalações, as áreas de estocagem e os equipamentos de transferências.

O Capítulo 12 apresenta diversos indicadores de desempenho operacional da operação ferroviária (*key performance indicator* – KPI), por exemplo, de produção, de eficiência energética e de utilização do material rodante.

Os conceitos mínimos de material rodante são abordados no Capítulo 13 para auxiliar o leitor a entender a operação ferroviária. O Capítulo 14 encerra o conteúdo abordando os conceitos mínimos de sistemas de sinalização e comunicação, seguido pela Bibliografia que respalda a obra.

O Autor

Sumário

1 Caracterização de uma Ferrovia 1

2 Operação Ferroviária 4
    2.1   Definição 5
    2.2   Taxonomia da Operação Ferroviária 7
    2.3   Modos de Integração entre Duas Ferrovias 7

3 Trem ou Composição Ferroviária 8
    3.1   Definição 9
    3.2   Composição Ferroviária 9
         3.2.1   Freio 12
         3.2.2   Engate 13
    3.3   Classificação dos Trens Quanto à Sua Função 13
    3.4   Licenciamento 14
    3.5   Manobras Possíveis de Retorno de um Trem em uma Estação Final 14
         3.5.1   Peras ferroviárias 15
         3.5.2   Triângulo de reversão 16
         3.5.3   Virador de locomotiva ou rotunda 16
         3.5.4   Trem de duas cabeças 17
    3.6   Equipagem em Trens de Carga e Trens de Passageiros ... 19

4 Centro de Controle Operacional (CCO) – Visão da Operação 20
    4.1   Introdução e Definição 21
    4.2   Operacionalização das Funções do CCO 22
    4.3   Equipes Específicas que Trabalham no CCO 23

5 Planejamento da Circulação de Trens 25
    5.1   Circulação de Trens (Linha Dupla) 26
    5.2   Circulação de Trens (Linha Singela) 26
         5.2.1   Pátio de cruzamento 27
    5.3   Grade de Trens 28
    5.4   Seção de Bloqueio 28
    5.5   Gráfico de Circulação de Trens 30
    5.6   Exemplo do Planejamento de uma Ferrovia 39

6 Cálculo da Capacidade de Circulação e de Transporte de uma Ferrovia .. 43
    6.1   Tipos de Capacidade 44
         6.1.1   Capacidade teórica máxima 44
         6.1.2   Capacidade prática 44
         6.1.3   Capacidade econômica 46
         6.1.4   Capacidade disponível 47

6.2	Cálculo da Capacidade de Circulação das Ferrovias	48
	6.2.1 Método do gráfico de trens	49
	6.2.2 Fórmula de Colson	53
	6.2.3 Método AAR	54
	6.2.4 Capacidade de linha dupla sinalizada com seção de bloqueio por espaço físico	55
6.3	Capacidade da Via em Termos de Tonelada Transportada	57
	6.3.1 Método de Oliveros Rives	57
	6.3.2 Método de Colson	59
6.4	Análise da Possibilidade de Aumento da Capacidade da Via	59
	6.4.1 Trem	59
	6.4.2 Operação	60
	6.4.3 Via	61
6.5	Transição entre Linha Singela e Linha Dupla	62

7 Cálculo dos Recursos Necessários para Atender a um Fluxo de Transporte .. 63

7.1	Rotação e Ciclo de Vagões	64
7.2	Cálculo da Frota de Vagões	65
	7.2.1 Fórmula de Colson para cálculo da frota de vagões	66
7.3	Cálculo da Frota de Locomotivas	67
	7.3.1 Fórmula de Colson para cálculo da frota de locomotivas	68
7.4	Cálculo da Rotação Média de Vagões	68
7.5	Exemplo dos Cálculos da Frota de Vagões, Locomotiva e Equipagem para Atender a um Determinado Fluxo Contratado	69

8 Pátios Ferroviários 72

8.1	Definição	73
8.2	Importância dos Pátios Ferroviários	73
8.3	Elementos de um Pátio Ferroviário	74
8.4	Decisões a Serem Tomadas em Relação à Escolha do Local de um Pátio ..	76
8.5	Terminologia Básica	77
8.6	Operações Típicas em Pátio Ferroviário	82
8.7	Tipos de Pátios Ferroviários	83
	8.7.1 Pátio de triagem	83
	8.7.2 Pátio de oficina	83
	8.7.3 Pátio de intercâmbio	83
8.8	Estações Ferroviárias	84
	8.8.1 Centro de controle de pátios (CCP)	85
	8.8.2 Mapa de controle de operações de pátios ferroviários	85

9 Pátio de Manobra 87

9.1	Definição	88
9.2	Tipos de Pátios de Manobra	88
	9.2.1 Pátios combinados	88
	9.2.2 Pátios progressivos	88

9.3	Subdivisões de um Pátio de Manobra	89
9.4	Pátio de Recepção	89
9.5	Pátio de Classificação	90
	9.5.1 Pátio de classificação plano	91
	9.5.2 Pátio de classificação com *hump yard*	91
9.6	Pátio de Formação	94

10 Terminal Ferroviário 96
- 10.1 Definição 97
- 10.2 Terminal Ferroviário para Granel 97
  - 10.2.1 Terminal ferroviário para granel sólido 98
  - 10.2.2 Terminal ferroviário para granel líquido 107
- 10.3 Terminal Ferroviário para Carga Geral 107
- 10.4 Terminal Ferroviário para Contêiner 114

11 Projeto de Pátios Ferroviários 119
- 11.1 Introdução 120
- 11.2 Dimensionamento do Pátio 121
  - 11.2.1 Linhas férreas 122
  - 11.2.2 Locomotivas de manobra 124
  - 11.2.3 Instalações e área de estocagem 126
  - 11.2.4 Equipamentos de transferências 126
  - 11.2.5 Regra principal de projeto 127

12 Indicadores de Desempenho Operacional da Operação Ferroviária (*Key Performance Indicator* – KPI) 128
- 12.1 Indicadores de Produção 129
  - 12.1.1 Tonelada útil 129
  - 12.1.2 Tonelada quilômetro útil 129
  - 12.1.3 Tonelada quilômetro bruta 130
  - 12.1.4 Produtividade da malha (bilhão de TKU/quilômetro de malha) . 130
  - 12.1.5 Produtividade de locomotiva (TKU/locomotiva) 131
  - 12.1.6 Produtividade de vagão (TKU/vagão) 131
  - 12.1.7 Produtividade de empregado (TKU/empregados) 131
  - 12.1.8 Receita (receita transporte/ TKU) 131
- 12.2 Indicadores de Consumo ou Eficiência Energética 132
- 12.3 Indicadores de Utilização do Material Rodante 132
  - 12.3.1 Rotação ou ciclo de trem 132
  - 12.3.2 Velocidade 132
  - 12.3.3 Produtividade 133
  - 12.3.4 Número de trens formados 133
  - 12.3.5 Trem Hora Parado (THP) 133
  - 12.3.6 Percentual de utilização da disponibilidade de locomotiva 133
- 12.4 Indicadores de Utilização da VP 134
  - 12.4.1 Grau de impedimento da via 134

12.5	Indicadores de Acidentes com Patrimônio	134
	12.5.1 Quantitativo de acidentes por causa	134
	12.5.2 Índice de segurança operacional	134
12.6	Indicadores de Acidente do Trabalho	134
12.7	Indicadores de Pátios Ferroviários	135
	12.7.1 Índices para pátio de manobra	135

13 Conceitos Mínimos de Material Rodante 136

13.1	Características de Contato Roda-Trilho	137
13.2	Rodeiro	140
13.3	Truque	140
13.4	Material de Tração	143
	13.4.1 Dinâmica ferroviária	145
13.5	Material Rebocado	147

14 Conceitos Mínimos de Sistemas de Sinalização e Comunicação 152

14.1	Sinalização	153
14.2	Comunicação	157
	Bibliografia	158
	Índice	159

OPERAÇÃO FERROVIÁRIA

PLANEJAMENTO, DIMENSIONAMENTO E ACOMPANHAMENTO

Caracterização de uma Ferrovia

Uma ferrovia é um sistema de transporte em que os veículos (motores ou rebocados) se deslocam com rodas metálicas sobre duas vigas contínuas longitudinais, também metálicas, denominadas trilhos. As ferrovias diferem dos outros meios de transporte por não possuir mobilidade quanto à direção que o veículo tomará, portanto, uma ferrovia é um sistema autoguiado.

Uma ferrovia é constituída basicamente de três elementos físicos e um elemento virtual como pode ser observado na Figura 1.1. Os elementos físicos são a **via permanente**, o **material rodante** e os **sistemas de comunicação** e **sinalização**. O elemento virtual é a operação ferroviária, assim denominada neste livro, pois é composta efetivamente de métodos e processos para garantir a operação da ferrovia e não possui nenhum elemento físico, somente salas e computadores.

Na Figura 1.1, pode-se ver que a via permanente se divide em infraestrutura e superestrutura, as quais não serão tratadas neste livro. O **Material Rodante** se divide em: **material de tração** — composto por locomotivas e equipamentos de via — e **material rebocado** — os vagões. Esses dois tópicos serão tratados ao longo deste livro.

A Sinalização e a Comunicação tratam de todos os sistemas envolvidos nessas operações e são constituídos principalmente pela Eletroeletrônica e pelos Centro de Controle Operacional (CCO) e Centro de Controle de Pedágio (CCP) que serão tratados de forma muito breve em capítulo deste livro.

A **operação ferroviária** lida com a circulação de trens e com as operações de pátios e terminais e será tratada em detalhes.

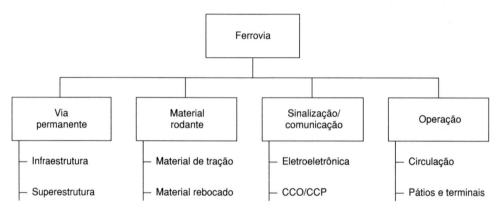

Figura 1.1 Elementos de uma ferrovia.

O custo de construção de um quilômetro de ferrovia é estimado em US$ 1.000.000 a 1.500.000 (um milhão a um milhão e quinhentos mil dólares). Em algumas ferrovias, em função das características geométricas do traçado, do solo da região e das obras de arte especiais, esses valores podem triplicar ou quadruplicar.

O custo de manutenção por quilômetro de ferrovia é estimado entre US$ 7.000 a 15.000/ano (sete a quinze mil dólares por ano).

O **modo ferroviário** caracteriza-se, especialmente, por sua capacidade de transportar grandes volumes com elevada eficiência energética, principalmente em casos de deslocamentos a médias e grandes distâncias, acima de 500 quilômetros. Apresenta, ainda, maior segurança, em relação ao modal rodoviário, com menor índice de acidentes e menor incidência de furtos e roubos. Vale ressaltar que o modal rodoviário é complementar ao modal ferroviário. No Brasil, diante das péssimas condições das ferrovias até a década de 1990, o transporte rodoviário tomou conta da maior parte do mercado de transporte. Atualmente, as ferrovias, após a desestatização da malha brasileira, vêm recebendo investimentos importantes o que tende a equilibrar a matriz de transporte no Brasil.

Antes de detalharmos a carga típica do transporte ferroviário, é necessário definir os tipos de carga existentes: **carga a granel** e **carga geral**. Na **carga a granel**, seus elementos não se distinguem em unidades, como é o caso do minério de ferro, por exemplo, cuja mediação é feita pela tonelagem total, e não unitariamente. Assim, as cargas a granel são medidas em volume ou peso. Outros exemplos de produtos transportados a granel são: soja, farelo de soja, álcool, gasolina, gusa, toretes de madeira, entre outras.

A **carga geral**, por sua vez, é identificada unitariamente. São exemplos desse tipo de carga: blocos de granito, bobinas de aço, fardo de celulose, placa de aço, entre outras. Visando facilitar o manuseio e o transporte, foram criadas formas de unitização da carga, ou seja, maneiras de agrupar diversas cargas menores em um grande volume único que é movimentado uma única vez. Existem três formas principais de unitização: pallet, big bag e contêiner.

A carga típica do modal ferroviário é a **carga a granel**. Entre os diversos graneis, no Brasil, destacam-se:

- grãos;
- minério de ferro;
- cimento;
- adubos e fertilizantes;
- carvão mineral.

A **carga geral**, principalmente a que movimenta grandes volumes, também tem utilizado a ferrovia com muita frequência. Dentre os tipos de produtos, podemos citar:

- produtos siderúrgicos;
- mármores e granitos.

Recentemente, as ferrovias começam também a transportar contêineres o que é uma tendência no Brasil, e, nos Estados Unidos, uma realidade há muito tempo.

Operação Ferroviária

2.1 Definição

A operação ferroviária diz respeito à operação de trens pela ferrovia, em circulação e em pátios ferroviários, a fim de atender a um fluxo de transporte. Um **fluxo de transporte** corresponde ao transporte contratado por um cliente de certo volume de carga de uma origem para um destino.

Como visto no capítulo anterior, uma ferrovia é dividida classicamente em três grandes áreas: via permanente (VP), material rodante e sinalização/telecomunicação. Tais áreas podem ser vistas como as engrenagens que movem a ferrovia (Figura 2.1).

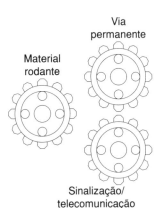

Figura 2.1 Divisão de uma ferrovia ("engrenagens" da ferrovia).

Todavia, essas áreas, isoladas umas das outras, podem conseguir bons resultados cada uma. Porém, a soma dos bons resultados de cada área pode não acarretar o bom resultado final da ferrovia.

Para harmonizar os efeitos de cada área, existe uma quarta "engrenagem" dentro da ferrovia que não lida com praticamente nada físico, mas sim com processos e planos que visam gerar bons resultados para toda a ferrovia, podendo ou não ser os melhores de cada uma das três áreas.

Esta área é a **operação**, que não é mais nem menos importante do que as outras três citadas. Pode-se dizer que a operação garante a interação entre as áreas, proporcionando o ritmo para que as engrenagens funcionem harmonicamente. Assim, pode-se visualizar graficamente a operação como um bloco que mantém as engrenagens do motor funcionando juntas e em concordância (Figura 2.2).

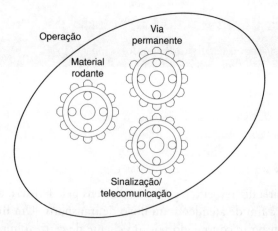

Figura 2.2 Operação ferroviária como elemento de harmonização das três grandes áreas da ferrovia.

Como todo bom motor, interage com engrenagens externas, como a da área **comercial** (contratos com clientes), a **diretoria** da empresa (metas), a **sociedade** (comunidades que são afetadas socialmente, financeiramente e ambientalmente pela ferrovia) entre outras (Figura 2.3).

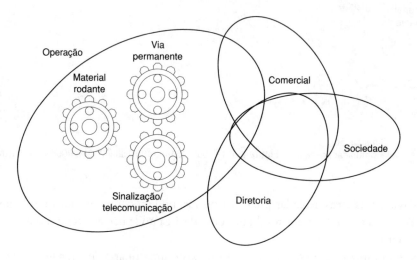

Figura 2.3 Interação da operação com outras áreas.

Portanto, a principal função da operação é ter um olhar sistêmico sobre toda a ferrovia com foco em utilizar todos os seus recursos, transportar o maior volume de carga possível, atendendo aos fluxos de transporte contratados. Há ainda a preocupação de preservar ao máximo os ativos da ferrovia, prestando um serviço de segurança para todos os seus colaboradores e protegendo o meio ambiente.

2.2 Taxonomia da Operação Ferroviária

A operação ferroviária pode ser dividida em dois tipos:

1. circulação de trens;
2. pátios e terminais.

A **circulação de trens** refere-se à viagem do trem ao longo da VP desde o momento que sai de um pátio ferroviário até chegar a outro pátio ferroviário.

A operação de **pátios** e **terminais** envolve processos de formação, desmembramento de trens, carregamento e descarregamento das cargas transportadas, dentro de pátios e terminais ferroviários.

Para que a operação dos trens seja possível, devem existir profissionais qualificados para conduzir cada tarefa envolvida. Esses profissionais necessários para a locomoção das composições são denominados **equipagem dos trens**.

Além da equipagem dos trens, diversos outros funcionários devem trabalhar para que toda a operação ocorra.

2.3 Modos de Integração entre Duas Ferrovias

Numa situação em que a Ferrovia 1 faz intercâmbio com a Ferrovia 2, dois cenários podem ocorrer:

1. tráfego mútuo;
2. direito de passagem.

O **tráfego mútuo**, cuja representação é possível observar na Figura 2.4, se caracteriza na situação em que a Ferrovia 1 entrega os seus vagões sem tração para a Ferrovia 2, e esta coloca a tração com maquinista para circular o trem.

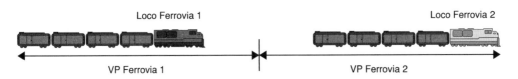

Figura 2.4 Representação gráfica de tráfego mútuo. Loco = locomotiva.

O **direito de passagem**, representado na Figura 2.5, acontece quando a Ferrovia 1 entra com seus vagões e com sua tração na VP da Ferrovia 2, obedecendo ao sistema de sinalização e de licenciamento da Ferrovia 2, com seu próprio maquinista.

Figura 2.5 Representação gráfica do direito de passagem.

Trem ou Composição Ferroviária

3.1 Definição

Os trens são também conhecidos como **composição ferroviária** e são formados por uma ou mais locomotivas acopladas por meio de engates a um ou mais vagões. Os vagões são agrupados e engatados em locomotivas nos pátios ferroviários para formar os trens. São os trens que efetivamente circulam na ferrovia e transportam as cargas.

Na operação ferroviária considera-se que a unidade mínima de transporte é o **vagão** e a unidade mínima de tração é a **locomotiva**.

3.2 Composição Ferroviária

Define-se que a composição ferroviária tem duas extremidades:

1. Frente ou testa e
2. Cauda.

A frente é a extremidade da composição que está no sentido de deslocamento, e a cauda é a parte contrária à frente.

As composições ferroviárias podem ser classificadas em função da localização das locomotivas em sua extensão. Assim, têm-se:

1. Tração simples;
2. Tração múltipla;
3. Tração distribuída;
4. Composição com Helper.

Na tração simples (Figura 3.1) existe somente uma locomotiva na frente da composição.

Na tração múltipla existem de duas a cinco locomotivas na frente. Todos os comandos são realizados na locomotiva denominada **comandante**, usualmente a que está na frente da composição e onde fica o maquinista (Figura 3.2).

Para que os comandos sejam passados da locomotiva comandante para as comandadas faz-se necessário que elas sejam conectadas umas as outras, e isso se faz por meio de um cabo, chamado **cabo jumper** (Figura 3.3). Podem ser colocadas cinco locomotivas na frente da composição, isto se deve às retrições elétricas do *cabo jumper*.

As duas configurações com locomotivas na frente, quando utilizadas em composições grandes e pesadas, acabam gerando um esforço de tração muito grande nos engates dos vagões que estão mais perto da locomotiva. Isso pode gerar maior desgaste nos engates dos vagões e da locomotiva da frente, podendo ocasionar fadiga excessiva do material com seu posterior rompimento.

Figura 3.1 Trem com tração simples.

Figura 3.2 Trem em tração múltipla.

Figura 3.3 Vista do *cabo jumper* conectado em uma locomotiva e com outra ponta livre.

Para resolver essa situação, é usada a terceira configuração, quando as locomotivas são distribuídas na composição, como pode ser observado na Figura 3.4. Nessa configuração, uma ou mais locomotivas são posicionadas na frente e uma ou mais são posicionadas em alguma outra posição do trem. Para isso, é imperioso que haja o sincronismo entre todas as locomotivas da composição.

Faz-se necessário, então, um sistema de automação que controle o sincronismo entre as locomotivas. Por meio de equipamentos e programas de computador presentes nas locomotivas, é possível conectar logicamente todas as partes por meio de ondas de rádio. Atualmente, um sistema que vem sendo muito usado é o *Locotrol*, da General Eletric. Muitas pessoas adotam esse nome para as composições com essa formação, o que não é correto, pois não existe um nome específico para essa formação.

Esse arranjo distribui melhor a capacidade de tração ao longo do trem, reduzindo assim o esforço nos engates dos vagões mais perto da frente da composição, permitindo assim um maior comprimento total. Essa configuração também melhora a frenagem da composição, conseguindo responder mais rapidamente ao comando de parada em uma menor distância necessária.

A quarta configuração ocorre quando o trem precisa vencer rampas muito íngremes, e o contato roda-trilho não é suficiente para tracionar toda composição na subida. Nesse sentido, posiciona-se uma locomotiva na cauda da composição a fim de vencer a rampa. Ao fim do trecho, essa locomotiva é desengatada e volta para o pátio onde ficará aguardando o próximo trem que necessite de auxílio. A locomotiva localizada na cauda é denominada *Helper*.

Figura 3.4 Locomotiva distribuída na composição.

Dois aspectos importantes devem ser conhecidos em relação às composições: o **freio** e o **engate**. Inicialmente, os freios são os equipamentos que permitem o trem desacelerar e parar, função de extrema importância para a composição. Os engates dizem respeito à forma como as locomotivas e os vagões se ligam uns aos outros a fim de formar a composição. Nas próximas seções serão discutidos os dois tópicos.

3.2.1 Freio

Os sistemas de freio são de extrema importância, pois sua aplicação na composição manterá a mesma dentro dos limites de velocidade estabelecidos e permitirá sua parada. Os freios podem ser:

1. freio dinâmico e
2. freio a ar.

O freio dinâmico é um freio eletromagnético e funciona somente nas locomotivas, visando reduzir e controlar a velocidade da composição. No entanto, com esse freio não se pode parar completamente a composição.

No sistema de freio a ar existe um compressor situado na locomotiva que mantém a pressão do ar no encanamento geral. Quando se quer aplicar a frenagem, retira-se ar do sistema e então, por diferença de pressão, há o acionamento das válvulas de freio e, por conseguinte, a frenagem do trem. Diferentemente do freio dinâmico, o freio a ar efetivamente para a composição.

3.2.2 Engate

Para que as composições ferroviárias sejam formadas é necessário unir, engatar os seus diversos elementos: locomotivas e vagões. Para unir esses elementos utilizam-se, como parte integrante da locomotiva e do vagão, equipamentos específicos denominados engates, que têm por função unir dois veículos ferroviários.

Os engates atualmente em uso são de dois tipos:

1. modelo E e
2. modelo F.

Os engates do tipo E são mais adequados para vagões mais leves e que não tenham carga perigosa, como pode ser observado na Figura 3.5. Isso se deve ao fato de permitir a movimentação vertical entre os pontos de engate. É mais aplicado aos vagões de granel agrícola e vagões plataformas.

Os engates do tipo F se distinguem por possuírem extremidades diferentes. Em um vagão, apresenta uma bolsa e, em outro, uma lança em forma de cunha que se encaixa na bolsa. Pela forma de encaixe é possível perceber que os engates do tipo F não permitem o movimento vertical. São utilizados para engates de vagões com grande peso por eixo, por exemplo, vagões de minério ou vagões de líquidos inflamáveis.

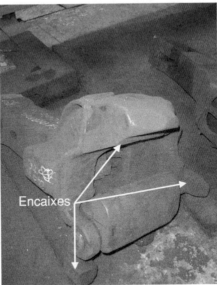

Figura 3.5 Engate tipo E e engate tipo F.

3.3 Classificação dos Trens Quanto à Sua Função

Os trens que circulam em uma ferrovia são classificados em função da natureza do serviço realizado. Assim, têm-se os seguintes tipos:

1. de carga;
2. de passageiros;

3. mistos;
4. de serviço;
5. de socorro;
6. de inspeção;
7. especiais;
8. da administração.

Os trens de carga são os trens que transportam vagões com qualquer tipo de carga. Os trens de passageiros transportam exclusivamente passageiros e, portanto, são compostos somente por carros especiais para esse fim. Exceção feita ao vagão gerador, responsável por gerar energia elétrica para o trem, ao vagão restaurante, destinado a produzir e/ou servir refeições para os passageiros e ao vagão do chefe do trem, em que é realizada a administração da viagem do trem.

Os trens são numerados conforme o seu sentido. Os trens subindo têm numeração ímpar e os descendo, numeração par. Usualmente a expressão subindo identifica o trem que vai do litoral para o interior do país, e a expressão descendo identifica o sentido contrário.

Para o trem circular, na óptica da operação, ele deve estar de posse dos seguintes documentos:

1. despacho de cada vagão carregado;
2. documento fiscal.

Após o trem estar com toda sua documentação em ordem e com o maquinista, a autorização pode finalmente ser pedida para iniciar sua marcha por um trecho da via permanente.

3.4 Licenciamento

O licenciamento é o ato do Centro de Controle Operacional (CCO) autorizar um trem a circular pela via em um trecho específico da via permanente, normalmente, uma seção de bloqueio, que será detalhada mais a frente neste livro.

3.5 Manobras Possíveis de Retorno de um Trem em uma Estação Final

Lembrando que, apesar de a locomotiva ter potência igual em marcha para frente como para recuo, é praticamente certo que em situações normais a locomotiva comandante sempre circule com a frente para o movimento do trem.

Assim, quando um trem chega a uma estação e necessita retornar, existe a necessidade de se inverter a posição da locomotiva. Para isso, existem quatro possibilidades de manobras para que a frente do trem, conhecida também como testa do trem, fique sempre para frente do movimento, são elas:

1. utilizar uma pera ferroviária;
2. utilizar um triângulo de reversão;
3. utilizar uma rotunda ou virador de locomotivas;
4. utilizar um trem de duas cabeças.

3.5.1 Peras ferroviárias

As peras ferroviárias são usadas para mudar a direção de circulação de uma composição, sua representação pode ser observada nas Figuras 3.6 e 3.7. Sua aplicação difere a do triângulo, pois o trem circula por ela diretamente, sem manobrar.

A sua grande vantagem, além da velocidade de manobra, é a possibilidade de se colocar sobre a pera ferroviária instalações de carregamento de cargas a granel, as quais podem ser carregadas por silos e, posteriormente, sem que os trens parem, podem ser pesadas.

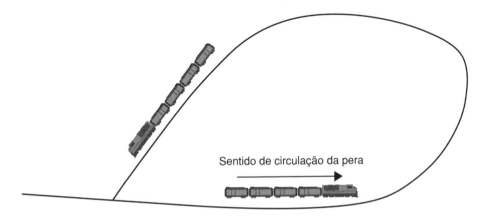

Figura 3.6 Desenho esquemático de uma pera ferroviária e modo de operação.

Figura 3.7 Pera ferroviária EFVM – Ramal de Aracruz.

As peras ferroviárias são mais usadas em linhas com maior tráfego. Isso se deve ao fato de não haver a necessidade de se fazer manobras, tornando, assim, a operação de reversão do sentido do trem mais rápida.

3.5.2 Triângulo de reversão

O triângulo de reversão, representado na Figura 3.8, é usado para mudar a direção de uma composição, necessitando de se realizar recuos para que a manobra seja executada.

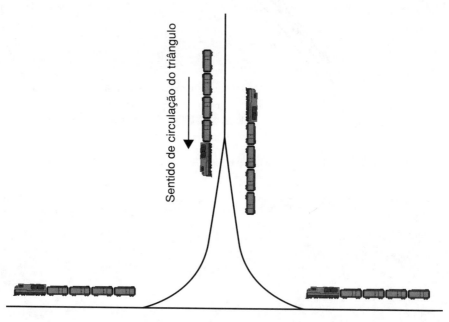

Figura 3.8 Triângulo de reversão.

3.5.3 Virador de locomotiva ou rotunda

O virador de locomotiva ou rotunda (Figura 3.9) tem por função inverter o sentido da locomotiva, e não é aplicado à inversão de composição (a locomotiva mais os vagões).

Para um trem ser virado, deve-se estabelecer um desvio com a rotunda depois dele conforme o esquema apresentado na Figura 3.10. O trem ao chegar desacopla a locomotiva que segue até a rotunda; ela é girada e retorna pelo desvio, depois recua e engata no lote de vagões que estava estacionado.

Figura 3.9 Virador de locomotiva.

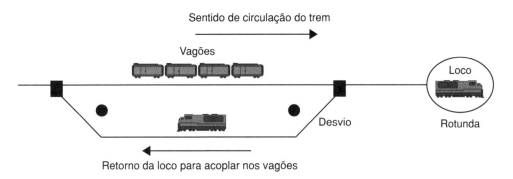

Figura 3.10 Processo de inversão da locomotiva de um trem por meio de uma rotunda.

3.5.4 Trem de duas cabeças

Essa opção é interessante caso não se queira investir ou não se possa investir em uma pera, um triângulo, ou mesmo em uma rotunda.

Na Figura 3.11, é possível observar um trem de duas cabeças, ou seja, uma locomotiva com sua frente virada para o sentido do movimento e outra no sentido contrário.

Figura 3.11 Trem de duas cabeças da Ferrovia Centro-Atlântica (FCA).

Para inverter um trem desse tipo, basta construir um desvio, cortar o trem, deixar os vagões estacionados, e as locomotivas passam. Uma vez desacopladas as locomotivas, basta fazer a locomotiva que era comandante (estava na frente) ser comandada, e a que estava atrás ser a comandante. Passando o desvio, as duas locomotivas recuam e engatam na composição. Este processo pode ser visto na Figura 3.12.

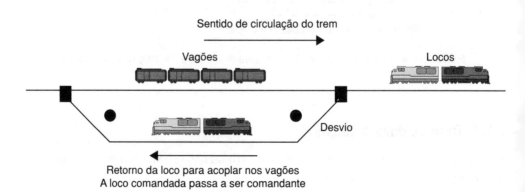

Figura 3.12 Trem de duas cabeças.

3.6 Equipagem em Trens de Carga e Trens de Passageiros

Para que possa haver a circulação dos trens e a movimentação de pátios devem existir locomotivas para puxar os vagões. Para que as locomotivas funcionem, devem ser designados profissionais qualificados e bem treinados para operá-las. Estes profissionais nos trens de carga são:

1. Maquinista e
2. Auxiliar de maquinista.

Nos trens de carga, a equipagem é formada por esses dois profissionais, podendo ou não ter o auxiliar de maquinista. A situação na qual a equipagem é formada somente pelo maquinista é denominada **monocondução**.

Para os trens de passageiros, há ainda a posição do chefe do trem, que é o responsável por coordenar todo o atendimento aos passageiros nos vagões, cabendo-lhe a comunicação com o maquinista, autorizando o trem a partir de uma estação após averiguar se as portas estão devidamente fechadas e seguras. Além do chefe do trem, outros profissionais compõem a equipagem a fim de realizar os serviços de bordo nos trens de passageiros. Dentre esses, destacam-se os funcionários de: limpeza, refeitório e segurança, dentre outros. Normalmente, esses profissionais são terceirizados.

A equipagem do trem de passageiros é, portanto, formada por maquinista, auxiliar de maquinista, chefe do trem e toda a equipe de apoio.

O **maquinista** é responsável por efetivamente conduzir a locomotiva aplicando a aceleração e o freio, a fim de realizar a melhor operação, visando à economia de tempo e combustível e minimizando também o desgaste da locomotiva, dos vagões e da via permanente. O maquinista tem também outras funções, tais como: manter comunicação constante com o Centro de Controle Operacional (CCO), executar pequenos reparos em locomotivas e vagões, zelar pela documentação do trem e treinar auxiliares de maquinista na condução do trem.

O **auxiliar de maquinista** tem como função apoiar o maquinista em atividades que não sejam as de controlar a locomotiva, sobretudo, permitindo a este ter mais tempo para tomar as decisões sobre a condução da composição ferroviária e se comunicar com o CCO.

O termo **destacamento** é usado para indicar o local físico, a sede, em que alguns maquinistas estão lotados. Usualmente, esses destacamentos estão localizados em uma estação ferroviária e distribuídos ao longo da ferrovia.

A distribuição correta dos destacamentos pode proporcionar uma redução de pagamento de hora extra aos maquinistas.

Centro de Controle Operacional (CCO) – Visão da Operação

4.1 Introdução e Definição

As ferrovias modernas adotam o esquema de manter um único escritório centralizado para o controle da operação da ferrovia. Nesse local, todas as informações da via permanente (VP), do material rodante circulando, em pátio e em oficina, as manutenções programadas da VP, a escala da equipagem e os demais dados relevantes da ferrovia devem ser centralizados.

Esse escritório centralizado é denominado Centro de Controle Operacional, ou abreviadamente CCO (Figura 4.1).

Figura 4.1 Visão geral do CCO da Ferrovia Centro-Atlântica (FCA).

Assim sendo, sua função principal é manter o gerenciamento operacional objetivando: a melhor utilização de todos os recursos da ferrovia, o atendimento aos fluxos de transporte contratados, a preservação da VP e do material rodante, mantendo a segurança de todos os profissionais da ferrovia e garantindo que não haja danos ao meio ambiente. Portanto, uma responsabilidade enorme!

Por esse motivo, o CCO é composto por uma equipe de profissionais qualificados e especialistas em diversas áreas que trabalham em conjunto.

Reunir informações e tomar decisões em uma central única permite, dentre as diversas vantagens, uma gerência mais efetiva da malha, pois o operador do CCO pode ter conhecimento não só do que está acontecendo em um trecho da via, mas, sobretudo, na ferrovia como um todo, pois sabe quais outros tráfegos irão chegar ao trecho que está controlando. Além disso, o operador do CCO pode fazer uma distribuição mais eficiente do material rodante, pois tem todo o conhecimento da operação, como já mencionado.

Ademais, como o responsável pela operação no CCO sabe a intensidade do tráfego em toda a ferrovia, ele é capaz de julgar onde podem ser abertas janelas de manutenção para o pessoal da VP trabalhar, e quando pode entregar os vagões e as locomotivas para as oficinas para que sofram as manutenções.

Portanto, em síntese, o CCO tem uma visão sistêmica de toda a ferrovia e, assim, pode atuar de forma consistente no melhor gerenciamento de todos os recursos da ferrovia visando à sua maior produtividade.

Como a ferrovia opera 24 horas nos 365 dias do ano, é necessário que o CCO possua equipes de profissionais rodando em escalas e esteja sempre controlando o tráfego, visando à segurança e eficiência da operação ferroviária.

Espera-se com a centralização desse controle operacional alcançar os seguintes ganhos:

1. Aumento da velocidade comercial dos trens;
2. Diminuição do tempo de vagão parado em pátios e terminais;
3. Aumento da eficiência energética ou redução do consumo de combustível;
4. Maior abertura de janelas de manutenção para a via permanente;
5. Maior segurança na circulação de trens;
6. Redução do pessoal efetivo envolvido;
7. Aumento do grau de satisfação dos clientes.

Uma função importante do CCO, já que tem todas as informações da ferrovia, é o armazenamento dos dados da operação e a elaboração de índices de controle da mesma.

4.2 Operacionalização das Funções do CCO

Em função do fluxo de transporte que a ferrovia deve atender, a equipe do Planejamento, Programação e Controle (PPC) elabora um programa de transporte para a ferrovia. Este programa deve ser feito com pelo menos 30 dias de antecedência, programação mensal, podendo em função de demandas da área comercial, ter este período reduzido.

O programa de transporte deve possuir no mínimo as seguintes informações:

1. Cliente, inclusive dados de seu representante operacional;
2. Mercadoria: tipo e quantidade (podendo ser em peso, litros ou unidades específicas, por exemplo, contêiner em *twenty foot equivalent units* [TEU], madeira em m³, etc.);
3. Data prevista de carregamento (quantas houver, pode haver mais de um carregamento no mês);

4. Pátio ou terminal onde ocorrerá o carregamento ou a descarga;
5. Dados de carga perigosa quando for o caso;
6. Procedimentos de manuseio para carregamento, descarga e peação da carga no vagão.

Vale ressaltar que o programa de transporte não especifica os trens que irão circular na ferrovia. Com base nas informações citadas anteriormente, o CCO deve elaborar um programa de trens com o objetivo de executar todo o programa de transporte.

Assim como o programa de transporte, o programa de trens pode ser alterado e aqueles trens programados podem sair do programa e os extras podem ser incluídos após sua elaboração. No programa de trens devem estar enumerados todos os que circularão pela ferrovia durante seu período de execução. Nesse programa de trens, devem constar no mínimo as seguintes informações: identificação do trem (prefixo); origem do trem; data/hora prevista de formação e partida; destino do trem e data/hora de chegada ao destino se for este o caso (por exemplo, o trem expresso).

É importante destacar que o programa de trens não faz menção aos recursos ferroviários que serão utilizados: vagão, locomotiva e equipagem. Toda a programação específica de cada recurso que será empregado em cada trem será efetuada em função do programa de trens estabelecido.

Essa programação de recursos é denominada **distribuição de recursos**. Equipes específicas de profissionais que trabalham no CCO ficam responsáveis por fazer a distribuição dos vagões e das locomotivas. Além disso, são responsáveis pela escala de equipagens e pelo local de troca de equipes.

4.3 Equipes Específicas que Trabalham no CCO

Basicamente em um CCO as equipes das seguintes áreas de atuação trabalham em regime de escala:

1. Controle de vagões;
2. Controle de locomotivas;
3. Controle de equipagem;
4. Controle de tráfego.

A equipe de controle de vagões é a unidade responsável pela programação e pelo acompanhamento da frota de vagões da ferrovia.

Uma função muito importante dessa equipe é a distribuição dos vagões vazios, visando atender aos compromissos constantes do programa de transportes, ou seja, disponibilizar vagões nos pátios em que está previsto o carregamento, evitando ao máximo que os vagões vazios circulem por longas distâncias sem cobrar frete e consumindo recursos da ferrovia. Denomina-se **quilometragem morta** o percurso percorrido pelo vagão vazio.

É necessário, também, fazer a distribuição dos vagões para atender à programação de manutenção preventiva elaborada pela oficina.

A equipe de controle de locomotivas é responsável pela programação e controle de toda a frota. Esses profissionais visam alocar locomotivas para o programa de trens elaborado e cumprir o programa de manutenção preventiva elaborado pela oficina. Além disso, deve estar atenta ao abastecimento das locomotivas que se encontram nos trens e nos pátios.

A equipe de controle de equipagem é responsável pelo gerenciamento do pessoal da categoria "C": maquinista e auxiliar de maquinista. Sua principal função é gerar a programação de maquinista e auxiliar de maquinista, que é conhecida como escala de equipagem, que visa basicamente disponibilizar esses profissionais para a condução dos trens que vão circular pela via.

A equipe de controle de tráfego responde pelo gerenciamento dos trens que estão circulando e os que irão circular na via, procurando sempre a melhor distribuição ao longo da malha ferroviária. Essa equipe elabora a programação de circulação dos trens, desde sua partida na origem até a chegada ao seu destino.

O controle de tráfego receberá das equipes que atuam no CCO, vistas anteriormente, informações diversas que dão sustentação à elaboração do planejamento de circulação dos trens programados para o dia e para o próximo dia.

5

Planejamento da Circulação de Trens

A ferramenta mais usada até o momento para o planejamento da circulação das composições é o gráfico de circulação de trens ou simplesmente gráfico de trens. Será detalhada a seguir sua aplicação, mas antes disso faz-se necessário entender como ocorre a circulação dos trens em **linha dupla** e em **linha singela**.

5.1 Circulação de Trens (Linha Dupla)

A circulação em linha dupla se dá com um trem circulando em cada linha em sentidos opostos, como pode ser observado nas operações do metrô. No caso da Estrada de Ferro Vitória a Minas (EFVM), usam-se travessões universais que permitem ao trem, independentemente do sentido da circulação, trocar de linha sempre que alcançar um desses travessões universais ao longo da estrada, Figura 5.1.

Para o caso de vias com travessões universais, não é de conhecimento, até o momento, de metodologias que calculem a capacidade dessas vias. Para as que não usam travessões universais, adota-se o cálculo da linha singela vezes dois.

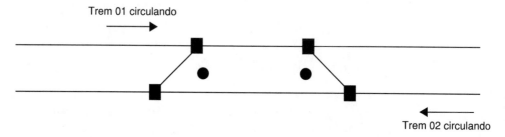

Figura 5.1 Circulação em linha dupla com travessão universal.

5.2 Circulação de Trens (Linha Singela)

A maioria das ferrovias brasileiras é em linha singela, à exceção da EFVM. Em breve a Estrada de Ferro Carajás (EFC) também estará duplicada.

No caso de linhas singelas, faz-se necessária a construção de um pátio denominado **pátio de cruzamento**.

Para melhor entendimento, a seguir apresenta-se o que é um pátio de cruzamento, pois ele é fator-chave para entender o gráfico de trens, bem como os cálculos de capacidade da via em linha singela.

5.2.1 Pátio de cruzamento

Os pátios de cruzamento são destinados ao ordenamento da circulação ferroviária em linhas singelas e compostos de: um aparelho de mudança de via (AMV) na entrada do pátio, uma, ou mais, linha de estacionamento de trem e um AMV na saída do pátio.

Um exemplo de pátio de cruzamento com uma linha de estacionamento pode ser visto na Figura 5.2.

Figura 5.2 Pátio de cruzamento com uma única linha de estacionamento.

Como a linha é singela, pode acontecer de dois trens se encontrarem em sentidos opostos na mesma linha, neste caso, um dos trens é desviado para o pátio de cruzamento (trem 02) aguardando a passagem do outro trem (trem 01); depois da passagem, o trem 02 sai do pátio de cruzamento e prossegue viagem (Figura 5.3).

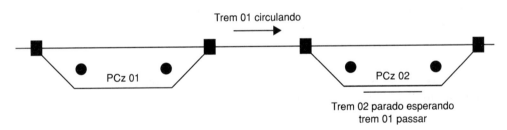

Figura 5.3 Operação de pátio de cruzamento.

Cada linha que compõe o pátio de cruzamento deverá ter no mínimo o comprimento do maior trem previsto para circular no trecho, incluindo todos os vagões e todas as locomotivas que o compõem. Além disso, deve ser previsto um adicional mínimo de 50 metros para estacionamento do trem, esta medida pode variar em cada projeto, mas recomenda-se manter o mínimo de 50 metros. Estas medidas deverão ser tomadas a partir do marco de via do AMV de entrada no pátio e do AMV de saída do pátio.

Como visto anteriormente, aconselha-se, no caso de desvios paralelos, Figura 5.4, que o comprimento útil considerado seja somente o comprimento da linha paralela à linha da circulação.

Muitas ferrovias adotam como projeto da malha ferroviária a localização dos pátios de cruzamento no mesmo local das estações ferroviárias, a fim de facilitar o controle das operações. A maior vantagem desse conceito de projeto é a facilidade de se ter pessoal, manobreiro, para fazer as chaves dos AMVs de entrada e saída dos pátios de cruzamento, não precisando que o maquinista pare o seu trem e ele, ou seu auxiliar, desça da locomotiva a fim de fazer as chaves.

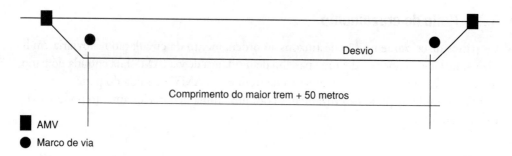

Figura 5.4 Dimensões principais de um pátio de cruzamento.

No entanto, isso não deve ser usado como regra geral, tendo em vista o custo das estações e, sobretudo, a possibilidade do uso de chaves de AMV serem comandadas elétrica e remotamente pelo CCO.

No pátio de cruzamento, as locomotivas de viagem são as mesmas utilizadas para efetuar o cruzamento, sem haver a necessidade de se fazer o desengate das mesmas. Os pátios de cruzamento devem ser geridos pelo CCO como um elemento da circulação ferroviária visando maximizar o tráfego da ferrovia.

Para os pátios de cruzamento, geralmente, adota-se como índice de controle o número de trens que se utilizaram deles a fim de fazer cruzamento com outro trem. Esse índice, à medida que for crescendo, pode ser um sinalizador da necessidade da construção de novos pátios de cruzamento.

Outro índice importante é o tempo que os trens ficam parados no pátio de cruzamento. Esse valor dá indicação que o tráfego está muito intenso na via ou que está sendo realizado um planejamento ruim da circulação.

5.3 Grade de Trens

A Grade de Trens é um conceito extremamente importante que deve ser sempre implantado nas ferrovias para um melhor gerenciamento da capacidade da ferrovia.

A grade de trens é o detalhamento de cada trem que deverá circular na ferrovia no dia seguinte, conhecido como d+1; desde a origem até o destino, a velocidade média em cada trecho, se é trem prioritário ou não entre outras informações.

Com isso, pode-se, então, elaborar o Gráfico de Trens, que será visto à frente, planejar a distribuição de vagões, a distribuição de locomotivas, a distribuição de equipagens e, muito importante, o tempo para entregar a VP para manutenção.

5.4 Seção de Bloqueio

De maneira simples, porém suficiente para o contexto do estudo da operação, uma seção de bloqueio é o espaço físico da via que somente um trem pode ocupar em certo momento de tempo.

Assim, na circulação, em casos normais, dois trens não compartilham a mesma seção de bloqueio. Vale ressaltar que mesmo trens em um mesmo sentido não podem ocupar a mesma seção de bloqueio.

Há dois tipos de seção de bloqueio. A primeira é o sistema de sinalização por eletrificação de via e a segunda é por meio de sistema de GPS. No primeiro caso, a seção de bloqueio é o espaço compreendido entre dois pares de talas isolantes, Figura 5.5.

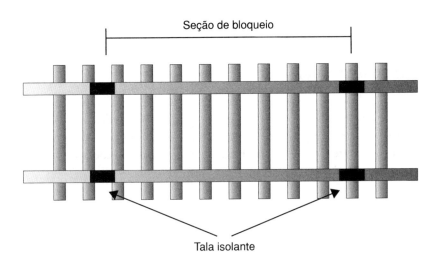

Figura 5.5 Seção de bloqueio para sinalização por eletrificação dos trilhos.

No caso de sinalização por eletrificação de via, muitas das vezes é usual que além da seção de bloqueio em que efetivamente o trem esteja circulando, o sistema de sinalização bloqueie duas seções subsequentes atrás do movimento do trem, visando que o trem subsequente tenha tempo de realizar a frenagem em caso de algum acidente, Figura 5.6. Vale ressaltar que cada ferrovia pode impor suas próprias regras de segurança.

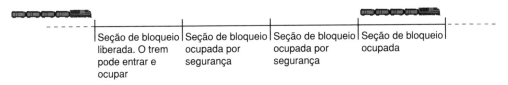

Figura 5.6 Ocupação das seções de bloqueio por questões de segurança.

Se a sinalização é realizada por meio de sistema de GPS, que ocorre mais usualmente em linhas singelas, a seção de bloqueio é o espaço entre dois pátios de cruzamento, Figura 5.7.

Pode haver sinalização por eletrificação em linha singela e nesses casos as talas isolantes são posicionadas no início e no fim dos pátios de cruzamentos ficando assim da mesma forma como apresentado na Figura 5.7.

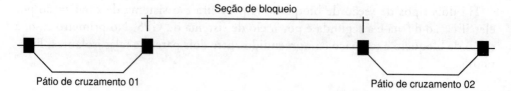

Figura 5.7 Seção de bloqueio para sinalização por GPS e linha singela.

5.5 Gráfico de Circulação de Trens

O gráfico de circulação de trens é uma ferramenta visual elaborada sobre uma folha quadriculada onde são desenhados dois eixos ortogonais. O eixo vertical representa a posição das estações ferroviárias ou pátios de cruzamentos e o eixo horizontal representa a escala de tempo na qual os trens se deslocam, Figura 5.8. Todas as considerações nesta seção dizem respeito a uma linha singela.

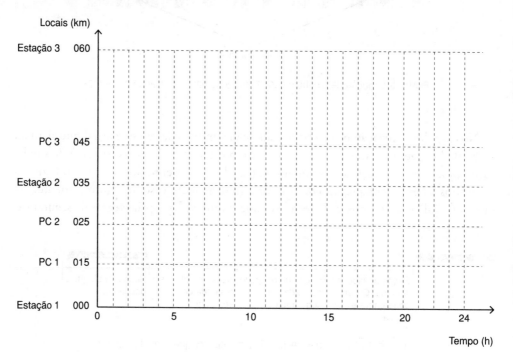

Figura 5.8 Gráfico de trens.

No gráfico apresentado, são desenhados os trens que circularão com seus respectivos prefixos. Cada trem pode partir de qualquer estação e só pode cruzar com outro trem em um pátio de cruzamento (PC).

Na Figura 5.9 pode-se ver um trem partindo da Estação 3, no tempo 0, passando por PC 3 no tempo 4, depois passando por PC 2 no tempo 15 e depois chegando à Estação 1 no tempo 20. Repare que o trem passa ao lado da Estação 2, porém ele não pode cruzar na estação, somente nos pátios de cruzamento.

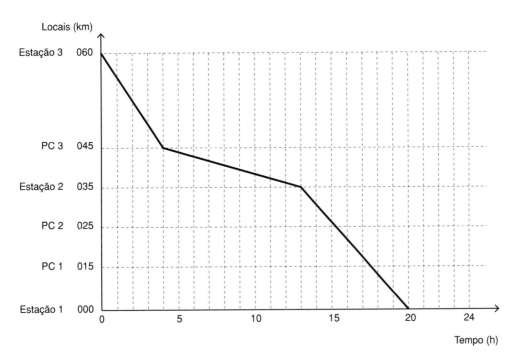

Figura 5.9 Gráfico de trens com um trem representado.

Vale destacar que a linha que representa o trem possui três inclinações diferentes, uma entre a Estação 3 e o PC 3, outra entre o PC 3 e a Estação 2 e outra entre a Estação 2 e a Estação 1, Figura 5.10.

Se analisar a reta da Figura 5.10, pode-se observar que se tem o ângulo $A1 = \dfrac{[\text{Estação 3} - \text{PC3}]}{T_{Chegada} - T_{Saída}}$ que resultará em um valor em km/h, ou seja, a velocidade do trem. Assim, têm-se para $A1 = \dfrac{[60 - 45]}{4 - 0} = 3{,}75$ km/h, $A2 = \dfrac{[45 - 35]}{13 - 4} = 1{,}11$ km/h e $A3 = \dfrac{[35 - 0]}{20 - 13} = 5{,}00$ km/h.

Note que no caso do gráfico de trens a velocidade é representada de forma constante, o que é uma simplificação da realidade, pois, caso contrário, seria muito difícil elaborar o gráfico por meio de um desenho feito por uma pessoa, o que é usual ser feito nas ferrovias. Assim, a inclinação da linha do trem representa a velocidade média que o trem desenvolverá no trecho entre estações.

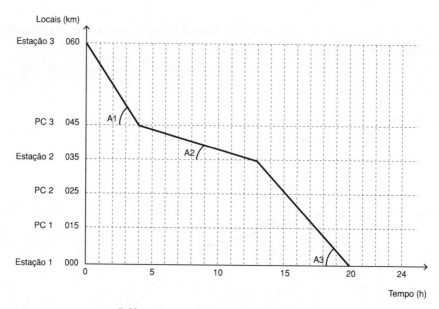

Figura 5.10 Representação da inclinação da reta do trem.

Outra situação que pode ser observada no gráfico de trens é a visualização do trem parado no pátio de cruzamento, Figura 5.11.

Como pode ser visto na Figura 5.11, a linha do trem fica com ângulo 0 (zero) entre o tempo 4 e 7 o que representa que ele tem velocidade igual a zero. Em termos práticos da operação isto quer dizer que o trem vindo da Estação 3 chega no PC 3 no tempo 4 e fica estacionado no PC 3 até o tempo 7, quatro horas parado, quando, então, parte em marcha para o PC 2.

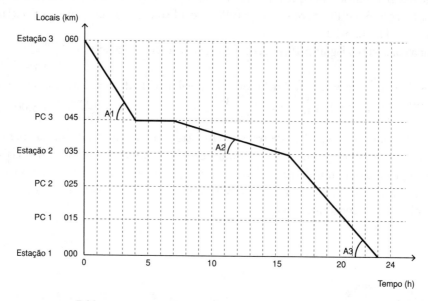

Figura 5.11 Representação de trem parado no pátio de cruzamento PC 3.

Esta situação é muito importante na análise do tráfego, pois como o trem vai ficar parado no PC 3 por quatro horas, é possível iniciar a viagem na Estação 3 no tempo 4 e não ficar estacionado no PC 3. Claro que esta análise é teórica e simplista, pois outros fatores podem implicar a saída do trem no horário, por exemplo, escala de maquinista, espaço no pátio para outro trem, entre outros.

Na Figura 5.12 estão representados os trens de prefixo C01 e C02. O trem C01 sai da Estação 1 com direção à Estação 2, passando pelo PC 1 e pelo PC 2. O trem C02 sai da Estação 3 em direção à Estação 1, passando pelo PC 3, PC 2 e PC 1. Repare que ele passa ao lado da Estação 2, porém em uma linha independente das linhas do pátio da Estação 2, portanto não existe interferência entre o tráfego e as operações do pátio da Estação 2.

Pode-se notar pelo gráfico da Figura 5.12 que o trem C01 necessita ficar estacionado por aproximadamente 1 hora no PC 2 para poder esperar o trem C02 cruzar com ele. Repare ainda, que o trem C01 teve que aguardar um tempo depois da passagem do trem C02 para poder prosseguir viagem; este tempo é a soma do tempo de cruzamento, ou seja, o tempo do trem C02 correr a extensão do pátio de cruzamento, mais o tempo para licenciamento, ou seja, a autorização pelo CCO para o trem C01 seguir viagem para a Estação 2. Esse tempo é em média de 20 a 30 minutos.

Portanto, com o gráfico de trens é possível prever onde cada trem vai cruzar com o outro ou se vai haver conflito de ocupação de um trecho, o que não pode ocorrer sob nenhuma hipótese em linha singela.

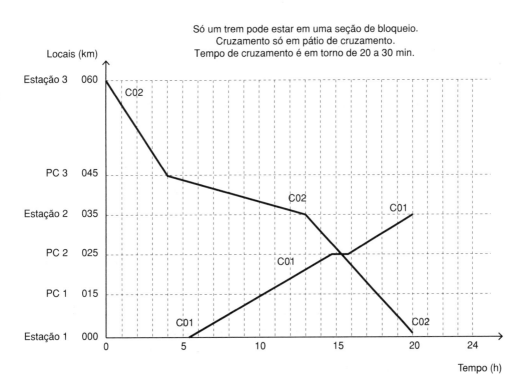

Figura 5.12 Gráfico de trens com dois trens circulando na malha em sentidos contrários.

Na Figura 5.13 é possível visualizar que o gráfico de trens apresenta um conflito de ocupação do trecho PC 3 a PC 2. Conforme a Figura 5.13 pode-se verificar que no tempo de 14 horas e 30 minutos os trens C01 e C02 vão colidir de frente! Isso porque está sendo considerado um trecho de linha singela.

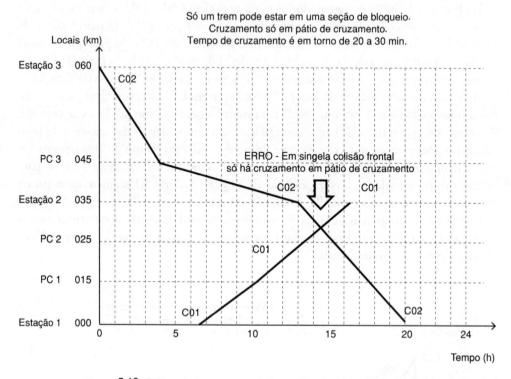

Figura 5.13 Gráfico de trens com erro de conflito de ocupação de trecho.

Na Figura 5.14 é possível visualizar que o Gráfico de Trens apresenta um conflito de ocupação do trecho PC 3 a PC 2. No tempo de 13 horas os trens C01 e C02 vão colidir de frente exatamente na Estação 2! Isso se deve ao fato de que a linha de circulação passa em frente à Estação, mas não compartilha linhas com a mesma. Assim, não pode haver cruzamento em Estação.

Pode, eventualmente, haver situações em que no mesmo quilômetro de uma ferrovia haja uma estação ferroviária e um pátio de cruzamento, um em frente ao outro, lembrando que o pátio de cruzamento é gerenciado pelo Centro de Controle Operacional e a Estação pelo pessoal da Estação.

Portanto, essas duas situações nunca podem ocorrer em um gráfico de trens que represente uma ferrovia de linha singela! Se ocorrer, esse é um alerta para que o planejador de tráfego tome algumas medidas para corrigir o planejamento. Para o exemplo da Figura 5.13, duas ações podem ser tomadas.

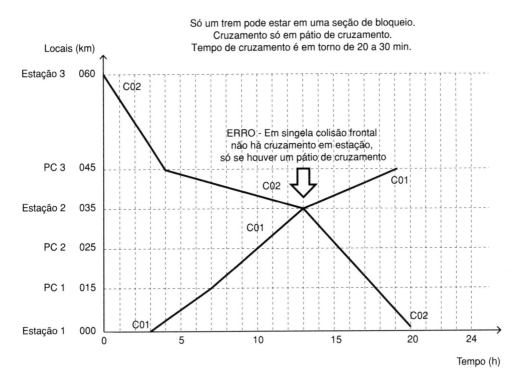

Figura 5.14 Gráfico de trens com erro de conflito (cruzamento em estação).

A primeira é deixar o trem C01 parado duas horas no PC 2, aguardando o trem C02 chegar ao PC 2. Assim, o tempo total de atraso do trem fica igual a duas horas mais o tempo de cruzamento e licenciamento que pode ser considerado de uns 20 minutos, Figura 5.15.

E a segunda opção possível, supondo que o trem C01 não possa atrasar e tenha prioridade sobre o trem C02, por exemplo, um trem de passageiro, é parar o trem C02 no PC 3 por 12 horas e 30 minutos para esperar o trem C01 entrar na Estação 2 e liberar o trecho. Na prática isso é totalmente inviável, o melhor seria cancelar a saída do trem C02 no tempo 0 e só iniciar sua marcha no tempo de 12 horas e 20 minutos, para o trem não ter que ficar parado no pátio de cruzamento por tanto tempo.

Mas atenção! Esta decisão é muito delicada e demanda sempre uma análise criteriosa, sobretudo pela Gerência de Operação, pois o atraso imputado ao trem C02 é muito grande, mais de 12 horas, veja a Figura 5.16.

Por fim, uma situação que não pode ocorrer é dois trens ocuparem a mesma seção de bloqueio, mesmo que eles estejam na mesma direção. Deve-se considerar somente um trem em cada seção de bloqueio, ou seja, entre pátios de cruzamento. Esta situação pode ser vista na Figura 5.17.

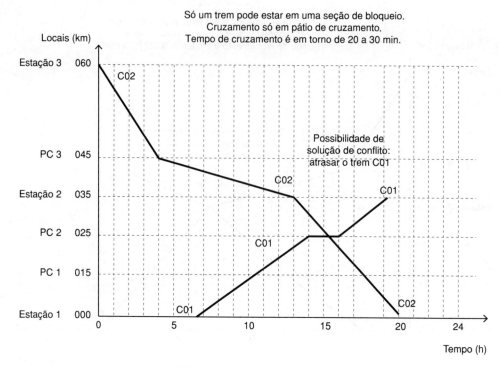

Figura 5.15 Proposta de programação dos trens.

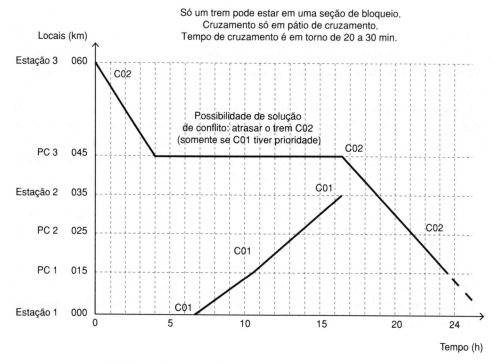

Figura 5.16 Proposta de programação dos trens em função de prioridade.

Repare na Figura 5.17 que entre os tempos 10 e 11 horas e trinta minutos e entre as 13 e as 15 horas o trem C01 compartilha a mesma seção de bloqueio com o trem C03 o que é um erro.

Essa situação não é possível por questões de segurança, porém, caso as distâncias entre pátios de cruzamento sejam muito grandes, uma ferrovia pode estabelecer especificamente para um trecho uma autorização especial para que isso ocorra, mas essa situação não é usual e muito menos recomendada.

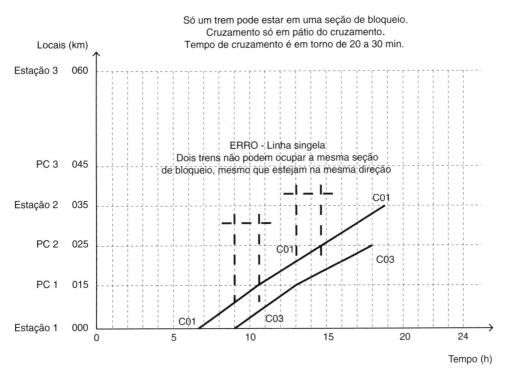

Figura 5.17 Erro, dois trens não podem ocupar a mesma seção de bloqueio ainda que na mesma direção.

Uma possível solução para este cenário errôneo de compartilhamento de seção de bloqueio por dois trens pode ser vista na Figura 5.18. O trem C03 atrasa sua saída da Estação 1 aproximadamente entre 1 e 20 minutos, exatamente no horário que o trem C01 chega ao PC 1, e assim evita o conflito em toda a viagem até Estação 2.

O gráfico de trens também pode ser usado para linha dupla, sendo este o caso, por exemplo, da Estrada de Ferro Vitória a Minas.

Assim, mostrou-se com o mesmo gráfico da Figura 5.13 uma situação onde se apresentam os mesmos trens C01 e C02 cruzando no tempo 5, Figura 5.19, só que agora em linha dupla. Nesse caso não há erro, pois como é linha dupla, o trem C01 deve ser direcionado para uma linha e o trem C02 direcionado para outra linha. Diante disso, não há problema de os trens se cruzarem em um local fora de um pátio de cruzamento ou de uma estação ferroviária.

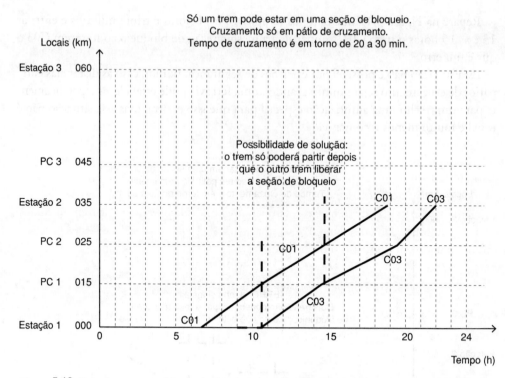

Figura 5.18 Solução para o problema de dois trens em sentidos iguais invadindo a seção de bloqueio.

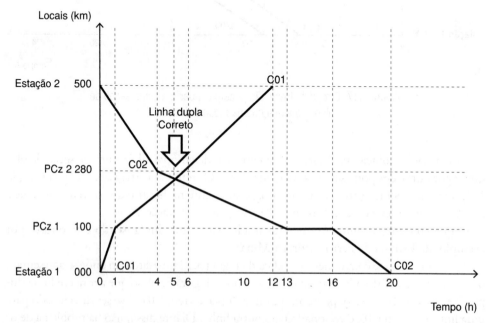

Figura 5.19 Trens cruzando fora de PC, por ser linha dupla.

Na prática, o controlador de tráfego desenha os trens de uma linha com uma cor e os trens de outra linha com outra cor para facilitar a identificação dos fluxos em cada linha e fazer as opções de deslocamento de um trem de uma linha para outra. Evitando assim a colisão de trens. Essa mudança de linha se dá em travessões distribuídos ao longo da linha férrea.

A maior parte das ferrovias do Brasil já utiliza o gráfico de trens de maneira automatizada por meio de sistemas computadorizados.

A função principal do gráfico de trens é o planejamento da circulação da ferrovia. No entanto, apesar de não ser muito usual, ele pode servir para controlar toda a circulação de trens. Essa situação, como dito, é menos usual, tendo seu registro somente na ferrovia Estrada de Ferro de Carajás.

Além disso, o gráfico de trens serve, também, para calcular o número de trens que pode circular em um trecho da linha férrea, a capacidade de tráfego ou vazão da linha. Este assunto é tratado em outra seção deste livro.

5.6 Exemplo do Planejamento de uma Ferrovia

Em uma ferrovia, sabe-se que, no dia seguinte, circularão quatro trens. Planeje essa circulação por meio de um gráfico de trens. Informações para o planejamento:

- Existem três pátios de cruzamento, PC1, PC2 e PC3. PC1 está no km 15, PC2 está no km 25 e PC3 está no km 45.
- Existem três estações ferroviárias, ES1, ES2 e ES3. ES1 está no km 0, ES2 no km 35 e ES3 no km 60.
- A velocidade nos dois sentidos de circulação é igual em todos os trechos da ferrovia para todos os trens. Sabe-se que as velocidades são:
  ES1 a PC1: 15 km/h; PC1 a ES2: 10 km/h; ES2 a ES3: 5 km/h.

Adote o tempo de 20 minutos para cruzamento entre dois trens, pelo menos dez minutos antes e dez minutos depois. Foi informado que:

- O trem C01 deve sair da ES1 às 6h e chegar a ES2.
- O trem C02 deve sair da ES2 às 3h e chegar a ES1.
- O trem C04 deve sair da ES3 à 0h e chegar a ES1.

Depois de feito o planejamento por meio do gráfico de trem, informe:

- Qual foi o horário de chegada de cada trem na estação de destino?
- Qual foi o tempo total de atraso de cada trem por ficar parado?

Solução da elaboração do planejamento da ferrovia por parte de um gráfico de trens. Nas Tabelas 5.1 a 5.4 são apresentados os cálculos para elaboração do gráfico de trem.

Tabela 5.1 Resumo dos dados

Origem	Destino	Distância	Velocidade	Tempo
ES1	PC1	15,0	15,0	1,0
PC1	PC2	10,0	10,0	1,0
PC2	ES2	10,0	10,0	1,0
ES2	PC3	10,0	5,0	2,0
PC3	ES3	15,0	5,0	3,0

Tabela 5.2 Cálculo dos tempos para o trem C01

Trem C01 (ES1 - ES2)			
Origem	Destino	Tempo de saída	Tempo de chegada
ES1	PC1	6,0	7,0
PC1	PC2	7,0	8,0
PC2	ES2	8,0	9,0
ES2	PC3		
PC3	ES3		

Tabela 5.3 Cálculo dos tempos para o trem C02

Trem C02 (ES2 - ES1)			
Origem	Destino	Tempo de saída	Tempo de chegada
ES1	PC1	5,0	6,0
PC1	PC2	4,0	5,0
PC2	ES2	3,0	4,0
ES2	PC3		
PC3	ES3		

Tabela 5.4 Cálculo dos tempos para o trem C04

Trem C04 (ES3 - ES1)			
Origem	Destino	Tempo de saída	Tempo de chegada
ES1	PC1	7,0	8,0
PC1	PC2	6,0	7,0
PC2	ES2	5,0	6,0
ES2	PC3	3,0	5,0
PC3	ES3	0,0	3,0

Com os dados calculados, deve-se proceder a construção do gráfico de trens a partir do tempo zero e considerar todos os eventos que ocorreram. Todos os trens que solicitaram entrada na via, os cruzamentos etc. Assim, a cada momento os conflitos vão sendo resolvidos. Seguindo esse procedimento, chega-se ao planejamento pelo método do gráfico de trens conforme a Figura 5.20.

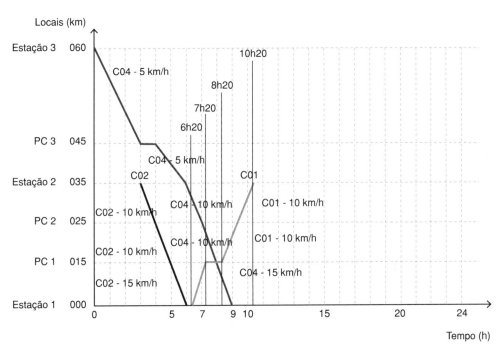

Figura 5.20 Planejamento por meio do gráfico de trens.

O trem C04 partiu da Estação (ES) 3 às 0h00 e seguiu até PC3. Neste momento, optou-se por partir o trem C02 da Estação 2 e, por conta disso, o trem C04 teve que ficar estacionado no PC3 aguardando o trem C02 circular e liberar a seção de bloqueio que está entre PC2 e PC3. Assim que o trem C02 chega ao PC2 às 04h00, o trem C04 pode reiniciar sua marcha.

Lembre-se de que a estação não define seção de bloqueio, só os pátios de cruzamento é que definem. A única situação em que a estação define a seção de bloqueio são as estações em fim de trecho, no caso a Estação 1 e a Estação 3. Assim, têm-se, no exemplo, as seções de bloqueio ES1-PC1, PC1-PC2, PC2-PC3 e PC3-ES3.

Pode-se notar que o trem C01 teve que atrasar sua partida em 20 minutos na ES1 para permitir a chegada do trem C02 que já estava em marcha e não valia a pena ser parado. Assim, após o atraso na saída, o trem C01 viaja até PC1. No entanto, visando manter o trem C04 em marcha, pois já havia tomado um atraso em PC3, optou-se por parar o trem C01 em PC1 por 40 minutos para esperar o trem C04 chegar e liberar a seção de bloqueio entre PC1 e PC2 e mais 20 minutos para permitir a passagem de C04 pela extensão do pátio de cruzamento PC1. Esse tempo de cruzamento foi fornecido pelo problema e varia de ferrovia para ferrovia. Depois disso, o trem C01 continua sua marcha normalmente até seu destino final, a Estação 2.

Assim, pode-se responder ao que foi solicitado:

- O trem C01 tomou 1 hora e 20 minutos de atraso, o trem C02 não tomou nenhum atraso e o trem C04 tomou 1 hora de atraso.
- O trem C01 chegou ao seu destino, a Estação 2, às 10h20, o trem C02 chegou à Estação 1 às 06h00 e o trem C04 chegou à Estação 1 às 08h40.

6

Cálculo da Capacidade de Circulação e de Transporte de uma Ferrovia

Neste capítulo, será analisado o estudo da capacidade das linhas. Não será levada em consideração a capacidade de pátios e de material rodante.

6.1 Tipos de Capacidade

A capacidade pode ser definida em quatro tipos diferentes:

1. Capacidade Teórica Máxima;
2. Capacidade Prática;
3. Capacidade Econômica;
4. Capacidade Disponível.

6.1.1 Capacidade teórica máxima

A capacidade teórica máxima da linha singela pode ser definida como a quantidade máxima de trens que pode ser registrada em um gráfico de trens teórico em certo período de tempo, usualmente, como visto, 24 horas ou um dia.

No caso da linha singela, o intervalo entre trens é proporcional à distância entre pátios de cruzamento consecutivos, distância essa que poderá ser contada entre eixos dos pátios de cruzamento.

O valor da capacidade teórica de uma ferrovia é inversamente proporcional ao tempo de percurso entre pátios de cruzamento, Figura 6.1. Os trechos de menor capacidade geram seções críticas ou gargalos, que determinam a capacidade de vazão de toda a linha.

6.1.2 Capacidade prática

A capacidade prática de transporte representa o número prático máximo de trens que podem circular na linha por dia. Ela é obtida a partir da multiplicação do valor da capacidade máxima teórica por um fator de rendimento operacional que representa as eventuais irregularidades na operação. Dentre os vários itens que representam essas irregularidades, destacam-se: os horários de partida dos trens, os intervalos concedidos para a manutenção da via permanente (VP), os tempos gastos com o licenciamento e os problemas operacionais ocorridos com os trens.

Assim como o valor da capacidade teórica de uma ferrovia é inversamente proporcional ao tempo de percurso entre desvios, Figura 6.1, o valor da capacidade prática não poderia ser diferente, somente um pouco deslocado para baixo no gráfico, Figura 6.2.

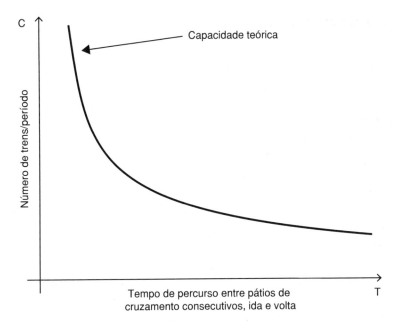

Figura 6.1 Gráfico da capacidade em relação ao tempo de viagem (ida e volta) entre pátios de cruzamento consecutivos.

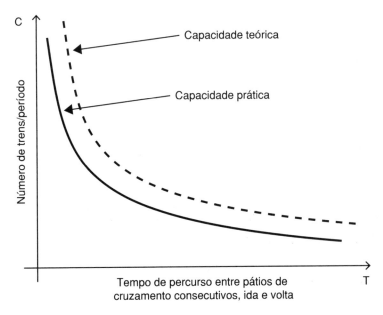

Figura 6.2 Comparação entre a capacidade teórica e a capacidade prática.

6.1.3 Capacidade econômica

Quando o número de trens em circulação se aproxima do valor de saturação da linha, cresce substancialmente o tempo médio de viagem de cada trem, causando atrasos provocados pela interferência dos trens entre si (cruzamentos, ultrapassagens, diferenças de velocidades dos diversos trens em circulação etc.).

Ao desempenho de cada trem estão associados custos que crescem à medida que aumenta o número de trens em circulação e, consequentemente, o tempo de viagem.

A capacidade econômica representa para uma ferrovia o número de trens circulando por dia, cujo custo do transporte é mínimo. Assim, se a ferrovia tiver um número de trens circulando inferior ou superior ao número de trens da capacidade econômica, os custos de transporte aumentam significativamente. O custo do trem é calculado como custos de investimentos mais custos operacionais divididos pelo número de trens.

Assim, para quantidade de trens inferior à capacidade econômica existe ociosidade da capacidade instalada e, dessa forma, se o número de trens diminui, e os investimentos são fixos, os custos operacionais diminuem pouco em relação ao investimento, aumentando, portanto, os custos. Para os casos em que existam mais trens circulando do que a capacidade econômica, haverá congestionamento na ferrovia ocasionando perdas financeiras em função do não cumprimento dos contratos e, eventualmente, mais investimentos, elevando, assim, o custo total.

Na Figura 6.3 é mostrado o gráfico de comportamento da capacidade econômica. Vale ressaltar que nem sempre a capacidade prática coincide com a capacidade econômica, devendo o engenheiro ferroviário analisar cada caso para fazer com que a capacidade prática coincida com a capacidade econômica.

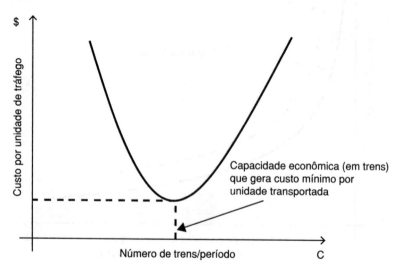

Figura 6.3 Gráfico da capacidade econômica.

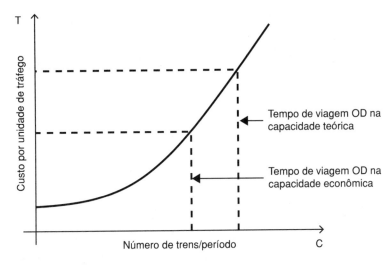

Figura 6.4 Análise da influência do número de trens na via *versus* tempo de viagem total.

Dessa forma, analisando a Figura 6.4 percebe-se que, na capacidade teórica, o tempo total de viagem de uma origem a um destino, OD, aumenta em relação ao tempo de viagem quando a quantidade de trens relativos à capacidade econômica está em operação. Esse fato reforça ainda mais a economicidade da capacidade econômica.

6.1.4 Capacidade disponível

A capacidade disponível (Figura 6.5) pode ser definida como a diferença entre a capacidade prática menos a capacidade utilizada, que é a capacidade que efetivamente está sendo utilizada.

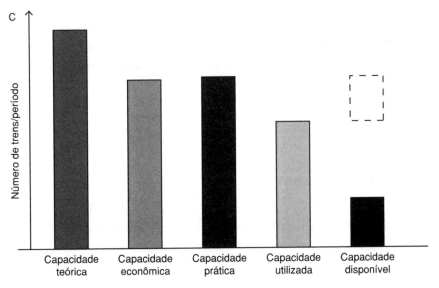

Figura 6.5 Análise dos diferentes tipos de capacidade.

Dessa forma a capacidade disponível pode ser vista como a capacidade de resposta da ferrovia à demanda externa de serviços de forma imediata, ou seja, o que pode ser vendido imediatamente de fluxos de transporte, que representam o transporte de produtos para certo cliente.

Deve-se tomar cuidado para que a capacidade prática não exceda à capacidade econômica. Feito isso, pode se dizer então que a capacidade disponível, mesmo que totalmente utilizada, ainda será uma capacidade econômica.

Por meio do gráfico da Figura 6.5, pode-se, então, visualizar o comportamento dos diferentes tipos de capacidade.

6.2 Cálculo da Capacidade de Circulação das Ferrovias

A capacidade de circulação de uma linha férrea é um cálculo de valores não tão precisos, tendo em vista os inúmeros fatores que influenciam no seu resultado. Muitos desses fatores não são bem definidos e quando bem definidos são difíceis de quantificar.

Dentro desse contexto, pode-se analisar, então, o estudo da capacidade sob a óptica de dois pilares principais:

1. capacidade de circulação de trens que se refere ao número de trens que efetivamente podem circular pela via;
2. capacidade de transporte que se refere à carga que pode ser transportada pelos trens que circulam na via.

Assim, de acordo com a primeira definição, pode-se dizer que a capacidade é expressa pelo número de trens que podem circular pela ferrovia e, com a segunda, a capacidade se expressa pela tonelagem que a ferrovia pode transportar. As duas ópticas pressupõem que os valores são considerados em um intervalo de tempo definido, por exemplo, um dia.

Algumas empresas ferroviárias criaram métodos, que são apresentados a seguir, com base em informações e estatísticas próprias que resolvem a incerteza desses valores. Além disso, os métodos de cálculo refletem as políticas de gestão das linhas dessas empresas e/ou grupo de estudos. A seguir são apresentados quatro dos métodos ora já elaborados que são:

1. Método do gráfico de trens;
2. Fórmula de Colson;
3. Método AAR;
4. Cálculo da capacidade em linha dupla.

Além dos três citados existem outros métodos: método FS (ferrovias italianas), método japonês, método alemão, método UIC, método BR (ferrovias inglesas) e método RENFE (ferrovias espanholas), entre outros que não serão analisados neste livro.

6.2.1 Método do gráfico de trens

O método do gráfico de trens é o método mais empregado até hoje no Brasil para cálculo da capacidade de uma ferrovia. É formulado a partir do gráfico de circulação de trens. A capacidade de tráfego de uma ferrovia é, basicamente, o número de trens em circulação que um trecho da ferrovia comporta em um período de tempo, usualmente, um dia ou 24 horas.

O método do gráfico de trens tem como premissa que a ferrovia é em linha singela e utiliza o licenciamento por intervalo de espaço físico, ou seja, o trecho entre pátios de cruzamentos.

Com base nas premissas apresentadas anteriormente, pode-se calcular o tempo para um trem viajar o trecho compreendido entre dois pátios de cruzamento como:

$$t = \frac{d}{v},$$

em que:

t - tempo de viagem entre dois pátios de cruzamento em horas;
d - distância entre dois pátios de cruzamento em km;
v - velocidade em km/h.

Em uma ferrovia, em função do perfil da via, os trens podem desenvolver velocidades diferentes no mesmo trecho dependendo da sua direção. Essa variação de velocidade se deve, sobretudo, em uma linha singela, em função do relevo, pois ora o trem está subindo, ora está descendo.

Dessa forma, têm-se, então, os seguintes tempos:

$$t_s = \frac{d}{v_s},$$

em que

t_s - tempo do trem subindo e
v_s - velocidade do trem subindo;

$$t_d = \frac{d}{v_d},$$

em que

t_d - tempo do trem descendo e
v_d - velocidade do trem descendo.

Denomina-se t_i o intervalo de tempo entre a passagem de dois trens consecutivos de mesmo sentido por um mesmo ponto da via, estação ou pátio de cruzamento. O valor de t_i é calculado como $t_i = t_{si} + t_{di}$.

Considerando que existem trens circulando simultaneamente nos dois sentidos (um subindo e outro descendo), por regra de três pode-se calcular quantos trens circulam em um período de tempo no qual se pretende calcular a capacidade de tráfego de uma linha singela.

t_i 2
P ..... N

em que:

P - período de apuração da capacidade da via, usualmente 1 dia ou 24 horas;
N - número de trens que podem circular na via no período de apuração P.

Prosseguindo com os cálculos da regra de três, tem-se:

Capacidade de um trecho da via: $N = \dfrac{2 \cdot P}{t_i}$, que pode ser escrito como: $N = \dfrac{2 \cdot P}{t_{si} + t_{di}}$.

Para entender melhor a dinâmica do cálculo é apresentado a seguir um exemplo do cálculo de capacidade de uma via singela.

Supondo um trecho de 50 km sem desvios ou cruzamentos, no qual o trem desenvolva uma velocidade de subida de 20 km/h e de descida de 35 km/h. O período de apuração é de 1 dia. Pergunta-se: qual a capacidade desse trecho em números de trens?

Cálculos:

$$t_s = \frac{50}{20} = 2,5 \text{ h,}$$

$$t_d = \frac{50}{35} = 1,4 \text{ h,}$$

$$t_i = 2,5 + 1,4 = 3,9 \text{ h}$$

$$N = \frac{2 \cdot 24}{3,9} = 12,3,$$

deve-se arredondar para o menor número inteiro. No caso, a capacidade do trecho no período de 1 dia é 12 trens.

Isso pode ser analisado no gráfico de trens da Figura 6.6, no qual se vê a partida dos trens do marco zero e quando eles sobem para o marco 50, gastando 2,5 horas, e outro trem descendo do marco 50, após a chegada do trem que subiu, e assim sucessivamente. Note no gráfico que os 12 trens estão representados.

Se a análise fosse feita para toda a linha férrea, supondo um trem que saísse de uma origem a um destino e todos os trechos fossem considerados iguais (distância e velocidade), poderíamos afirmar que a capacidade da via seria a capacidade de um trecho, ou seja, no exemplo anterior, 12 trens.

No entanto, se na ferrovia os diversos trechos forem diferentes (distância ou velocidade), o que é mais plausível, e considerando que os trens são diretos, vão de uma extremidade a outra da via, pode-se afirmar que o trecho com menor capacidade de fluxo será a capacidade máxima da via:

Capacidade máxima da via: $C_{via} = Min\left(\dfrac{2 \cdot P}{t_i}\right)$, para $i = 1, .., n$
n – número de trechos da via.

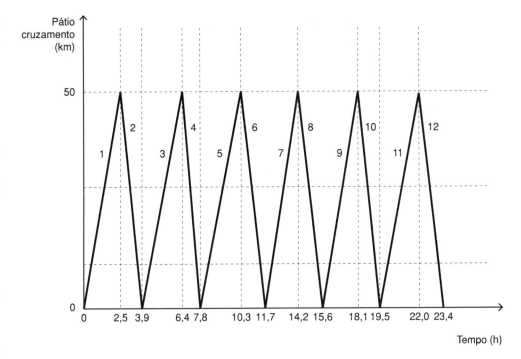

Figura 6.6 Capacidade de tráfego em número de trens por um período.

Ou seja, o trecho que tiver o maior tempo de percurso ocasionará a menor capacidade de circulação da via como um todo. Com essa afirmação, pode-se também escrever a capacidade da via como: $C_{via} = \dfrac{2 \cdot P}{Max(t_i)}$, para $i = 1, ..., n$ (em que n é o número de trechos da via).

Uma questão que não pode ser esquecida é o tempo de licenciamento nas ferrovias não sinalizadas. Para isso, basta somar ao tempo t_i, o tempo de licenciamento, normalmente fixo para toda a ferrovia, ficando, então, a equação da seguinte forma: $t_i = t_{si} + t_{di} + t_l$, em que t_l é o tempo de licenciamento.

Outra questão a ser considerada na linha singela é o tempo de manobra do trem para entrar e sair em um pátio de cruzamento, que é razão direta do tamanho dos pátios de cruzamento e do tamanho e peso dos trens. Para isso, basta somar o tempo t_m, tempo de manobra, que pode ser considerado fixo para toda a ferrovia, e varia em função do tamanho do trem, ficando, então, da seguinte forma: $t_i = t_{si} + t_{di} + t_l + t_m$, em que t_m é o tempo de manobra.

Assim, tem-se que o cálculo da capacidade teórica pode ser dado pela fórmula:

$$C_{via} = \left(\dfrac{2 \cdot P \cdot 60}{Max(t_{si} + t_{di} + t_l + t_m)} \right).$$

Como a ferrovia nem sempre funciona perfeitamente, pode-se aplicar um redutor à capacidade da via em torno de 25%. Assim, e, a eficiência, seria $e = 0,75$, e a fórmula de capacidade: $C = \left(\dfrac{2 \cdot P}{t_i} \right) \cdot e$.

Por fim, deve-se ficar atento, pois a ferrovia deve ser entregue à manutenção e, nesse caso, deve-se acrescentar a redução de capacidade. Normalmente, calcula-se o total de horas que serão necessárias para a manutenção e a disponibilidade da via, e multiplica-se este valor na fórmula apresentada anteriormente.

Assim, tem-se que o cálculo da capacidade prática pode ser dado por uma fórmula mais genérica:

$$C_{via} = \left(\frac{2 \cdot P \cdot 60}{Max(t_{si} + t_{di} + t_l + t_m)} \right) \cdot e_1 \cdot e_2$$

para $i = 1, .., n$ (em que n é o número de trechos da via).

Em que:

C - capacidade em número de trens que podem circular na via no período de apuração P.
P - período de apuração da capacidade da via, geralmente 24 horas.
t_l - tempo de licenciamento em minutos.
t_s - tempo do trem subindo em minutos.
t_d - tempo do trem descendo em minutos.
t_m - tempo de manobra para entrar e sair do pátio de cruzamento em minutos.
e_1 - porcentagem de disponibilidade da linha, em torno de 0,75.
e_2 - porcentagem de utilização da disponibilidade da linha, em torno de 0,70.

6.2.1.1 *Exemplo do uso do método do gráfico de trens para o projeto de uma ferrovia*

Para planejar um novo ramal de uma ferrovia em linha singela é necessário definir quantos pátios de cruzamento devem ser construídos para uma capacidade demandada de um novo ramal. São fornecidas as seguintes informações:

Capacidade demandada: 15 pares de trens dia
Comprimento da via: 180 km
Comprimento do pátio de cruzamento: 3 km
Velocidade média subindo: 40 km/h
Velocidade média descendo: 30 km/h

Para simplificar os cálculos, não estão sendo considerados o tempo de licenciamento e o tempo de manobra. Também não estão sendo consideradas as disponibilidades de linha e a utilização da disponibilidade da linha. Em uma situação de cálculo real, esses valores poderiam ser facilmente incorporados aos cálculos apresentados adiante.

$$N = \frac{2 \cdot P}{t_{si} + t_{di}} = \frac{2 \cdot P}{\dfrac{d}{v_{si}} + \dfrac{d}{v_{di}}}$$

$$30 = \frac{2 \cdot 24}{\dfrac{d}{40} + \dfrac{d}{30}}$$

$$30 = \frac{48 \cdot 20}{7d}$$

$$210d = 5760$$
$$d = 27{,}48 \cong 27.$$

Arredondar para menos torna mais conservador o cálculo.

Tem-se então que $N_{\text{trechos}} = {}^{180}/_{27} \cong 7$. Arredonda-se para mais para tornar o cálculo mais conservador. Ou seja, devem-se ter no mínimo sete trechos entre pátios de cruzamento, o que define que se devem ter seis pátios de cruzamento. Assim, tem-se $7 \cdot 27$ km igual a 189 km.

Como se tem realmente 180,0 km de ferrovia deve-se então calcular: $d_{\text{reduzir}} = 180 - (189 + (6 \cdot 3)) = 27$ km.

Assim, a distância entre pátios é: $d_{\text{nova}} = d\,27 - \dfrac{d_{\text{reduzir}}\,27}{\text{espaços}\,7} = 23{,}2$ km entre pátios de cruzamento e seis pátios de cruzamento.

Teste: km Ferrovia $= (23{,}2 \cdot 7) + (6 \cdot 3) \cong 180$ km.

O projeto ficou mais conservador com seis pátios de cruzamento e distância entre pátios de 23,2 km, com uma capacidade um pouco superior ao solicitado de

$$N = \frac{2 \cdot 24}{\dfrac{23{,}2}{40} + \dfrac{23{,}2}{30}} = \frac{2 \cdot 24}{0{,}58 + 0{,}77} = \frac{48}{1{,}35} \cong 35 \text{ trens dia.}$$

Assim, deve-se projetar a ferrovia com 6 pátios de cruzamento e todos equidistantes um do outro em 23,2 km. No entanto, precisa ser analisada a geometria da região da ferrovia para ver se é possível implantar os pátios nos locais. Isso porque os pátios devem ser instalados em trechos em tangente e planos.

6.2.2 Fórmula de Colson

A fórmula de Colson, basicamente, nada mais é que o resultado do método do gráfico de trens.

Se for considerado nos cálculos anteriores, do método do gráfico de trens, o período P fixo em 24 horas, tem-se a fórmula de Colson.

Assim, tem-se: $N = \dfrac{2 \cdot P}{t_{si} + t_{di}} = \dfrac{2 \cdot 24 \cdot 60}{t_{si} + t_{di}} = \dfrac{2880}{t_{si} + t_{di}}$, tempos em minutos.

Colson acrescenta à sua fórmula dois outros fatores:

θ - tempo em cruzamentos, como número de segurança, é sugerido 10 minutos;
k - coeficiente redutor, que varia de 0,6 a 0,8, conforme a eficiência da ferrovia.

Capacidade de um trecho da via (Colson): $N = \dfrac{2880}{t_{si} + t_{di} + \theta} \cdot k.$

6.2.3 Método AAR

O método AAR foi elaborado pela *Association of American Railroads*. Ela define o módulo máximo líquido (neto), M_n, como a soma dos tempos sem parada de um trem em viagem de ida e volta em uma seção da via de linha singela. No caso de linha dupla, considera-se somente um sentido do trem.

O módulo máximo bruto, M_b, é igual ao M_n mais o tempo necessário para realizar as operações de entrada e saída de um trem em uma estação e/ou pátio de cruzamento, que é denominado t_e. Esse tempo é específico de cada tipo de trem, a sinalização da via e a localização das estações e/ou pátios de cruzamento. É denominado intervalo de estação e/ou pátio de cruzamento.

A capacidade teórica máxima, no caso de via singela, é o número máximo de trens que podem circular pela via. No caso de via dupla, será o número de trens que circulam em uma só direção.

Atenção especial deve ser dada à situação de via dupla, pois todos esses cálculos não consideram os travessões universais hoje usados em ferrovias como a EFVM. Assim, para ferrovias como a EFVM o valor teórico máximo deve ser maior, porém não existem estudos nesse sentido até o momento.

Então, para o cálculo do método AAR a capacidade teórica máxima é determinada pela fórmula:

$$C_t = \frac{a \cdot T}{M_b}$$

e a capacidade real ou efetiva é calculada pela fórmula:

$$C_R = f \cdot C_t$$

sendo:

a - constante de valor 1 para uma direção da seção de via dupla e 2 para via singela.

T - período de tempo em que se analisa a capacidade.

f - fator de correção que vale 0,9 para linhas dotadas de sinalização com ATC ou bloqueio automático, e 0,8 para linhas que não possuem sinalização.

Em linhas duplas para obter a capacidade total deve se somar a capacidade resultante em cada sentido. No fator f estão refletidos os tempos utilizados para manutenção, as margens de tolerância e outros tempos perdidos.

Esse foi o primeiro método proposto de cálculo da capacidade tendo como vantagens a sua grande simplicidade de conceitos e de cálculo. No entanto, esta simplificação do fenômeno de circulação se adapta melhor a ferrovias que possuem trens de carga com padrões similares entre os trens (comprimento e velocidade).

Repare que essa restrição não é de todo ruim para a maior parte das ferrovias brasileiras nas quais os trens de carga possuem características de comprimento e velocidade similares.

6.2.4 Capacidade de linha dupla sinalizada com seção de bloqueio por espaço físico

Para os casos de linha dupla sinalizada por seção física de bloqueio para transporte de carga, pode-se calcular a capacidade como a capacidade de uma via com todos os trens em um sentido, separados pela distância física estabelecida pelo sistema de sinalização.

Considerando o caso da ferrovia EFVM em que o trem tem comprimento menor ou igual ao comprimento da seção de bloqueio e que o trem já esteja com todo o seu comprimento dentro dessa seção, deve-se, então, deixar uma seção de bloqueio imediatamente atrás daquela em que o trem está localizado com sinalização vermelha (Figura 6.7). Em outras palavras, a seção não pode ser ocupada por outro trem, e outra seção de bloqueio imediatamente atrás daquela com sinalização vermelha deve ter sinalização amarela, ou seja, o trem pode circular com restrição de velocidade.

Antes de prosseguir, deve-se estabelecer o conceito de *headway*. O *headway* é o tempo contado a partir de um ponto fixo entre a passagem da frente da locomotiva do primeiro trem até a frente da locomotiva do próximo trem (Figura 6.7).

Com esse conceito, pode-se então estabelecer a fórmula da capacidade de uma linha dupla.

$$C_1 = \frac{P \cdot 60}{H} \cdot e_1 \cdot e_2,$$

em que:

C_1 - capacidade de uma linha em número de trens que podem circular na via no período de apuração P;

P - período de apuração da capacidade da via, usualmente 24 horas;

H - *headway* medido em minutos;

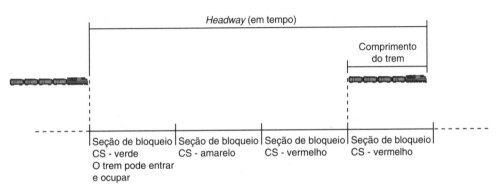

Figura 6.7 Conceito de *headway* e sinalização de cabine conforme EFVM.

e_1 - porcentagem de disponibilidade da linha, em torno de 0,75;

e_2 - porcentagem de utilização da disponibilidade da linha, em torno de 0,70.

O *headway* é calculado como: $H = 3 \cdot T_{sb} + T_{\text{trem}}$.

em que:

H - *headway* medido em minutos;

T_{sb} - tempo necessário para um trem percorrer uma seção de bloqueio na velocidade máxima admissível em minutos;

T_{trem} - tempo necessário para um trem percorrer o seu próprio comprimento na velocidade máxima admissível em minutos.

Assim, a fórmula da capacidade de uma linha pode ser calculada como:

$$C_1 = \frac{P \cdot 60}{3 \cdot T_{sb} + T_{\text{trem}}} \cdot e_1 \cdot e_2.$$

Como ela é dupla, então a capacidade total será igual à capacidade de uma linha vezes dois. Assim, a capacidade prática total da via é dada por:

$$C_{\text{via}} = 2 \cdot \left(\frac{P \cdot 60}{3 \cdot T_{sb} + T_{\text{trem}}} \cdot e_1 \cdot e_2 \right),$$

em que:

C_{via} - capacidade total de uma linha dupla em número de trens que podem circular na via no período de apuração P no padrão EFVM.

P - período de apuração da capacidade da via, usualmente 24 horas.

T_{sb} - tempo necessário para um trem percorrer uma seção de bloqueio na velocidade máxima admissível em minutos.

T_{trem} - tempo necessário para um trem percorrer o seu próprio comprimento na velocidade máxima admissível em minutos.

e_1 - porcentagem de disponibilidade da linha, em torno de 0,75.

e_2 - porcentagem de utilização da disponibilidade da linha, em torno de 0,70.

Vale ressaltar que os travessões universais (Figura 6.8) não aumentam a capacidade máxima da via, eles somente provêm a via de maior flexibilidade quando houver algum problema entre os travessões universais, por exemplo, manutenção da via, um trem parado e assim por diante. Sendo, então, que este trecho será considerado como via singela e a capacidade máxima diminuirá.

Por fim, uma consideração extremamente importante é que a quantidade de seções de bloqueio que são deixadas para trás do trem é diretamente proporcional à necessidade de frenagem do trem, podendo assim, em uma estrada de ferro como a EFC, que tem um trem maior, necessitar de mais seções de bloqueio para frenar o trem e, portanto, a sua capacidade máxima ser reduzida em função disto.

Figura 6.8 Foto de travessão universal.

6.3 Capacidade da Via em Termos de Tonelada Transportada

Além da capacidade de trens circulando na via, deve-se analisar a capacidade de transporte dessa via. Existem duas propostas de cálculo da capacidade em toneladas da via, uma proposta por Oliveros Rives e outra proposta por Colson. Ambas são apresentadas a seguir.

6.3.1 Método de Oliveros Rives

O método de cálculo proposto considera trens de carga e de passageiro e, também, considera a ocupação dos vagões de carga, bem como o *layout* dos terminais de carregamento. Portanto, uma formulação bem completa.

Para se calcular a capacidade de transporte de uma ferrovia sabendo-se o número máximo de trens de carga que podem circular, N_M, e a carga bruta ótima do trem tipo de carga, Q_{Sp}, adota-se a seguinte fórmula:

$$C_M = \frac{365 \cdot N_M \cdot Q_{Sp} \varphi}{10^6 \cdot K_H},$$

em que:

φ - relação entre o peso de carga do trem dividido pelo peso bruto do trem;
K_H - coeficiente de irregularidade dos trens.

O valor de N_M pode ser determinado pela seguinte fórmula:

$$N_M = N - (\varepsilon_v \cdot N_V + \varepsilon_{ace} \cdot N_{ace} + \varepsilon_{col} \cdot N_{col}),$$

sendo:

N - número de trens que podem circular baseado no gráfico de trens;

ε_v; ε_{ace}; ε_{col} - coeficiente de redução, respectivamente, de trens de passageiros, trens expressos e trens coletores;

N_V; N_{ace}; N_{col} - número de trens de passageiros, expressos e coletores respectivamente.

O valor de φ depende dos tipos de vagões que circulam pela ferrovia e da composição do tráfego de mercadorias, podendo ser calculado pela seguinte fórmula:

$$\varphi = \frac{K_C}{K_C + K_T}.$$

O coeficiente K_C representa o coeficiente de aproveitamento da capacidade do vagão e é a relação entre a carga real do vagão dividido pela sua lotação. Já o coeficiente K_T representa o coeficiente entre a tara do vagão e sua lotação.

Substituindo o valor φ na equação, tem-se:

$$C_M = \frac{365 \cdot N_M \cdot Q_{Sp}}{10^6 \cdot K_H \cdot \left(1 + \dfrac{K_T}{K_C}\right)} \text{ milhão de toneladas brutas/ano.}$$

Da análise da fórmula, percebe-se que a capacidade de transporte é diretamente proporcional à capacidade de circulação de trens de cargas, N_M, e da carga do trem tipo Q_{Sp}. Além disso, ela aumenta com a redução do coeficiente de tara dos vagões K_T e com a melhora do aproveitamento dos vagões, expresso pelo coeficiente K_C.

Existem situações em que a carga dos trens é limitada pelo comprimento das linhas dos terminais e, nesses casos, a influência do parque dos vagões se torna mais relevante.

A carga do trem limitada pelo comprimento das linhas dos terminais pode ser calculada pela fórmula:

$$Q_{Sp} = P_{ml} \cdot (I_{est} - I_C - F),$$

em que:

a variável P_{ml} representa a carga do vagão por metro linear em toneladas e é calculada por $P_{ml} = \dfrac{q_b}{L_v}$, no qual q_b é a carga média bruta do vagão em toneladas e L_v é o comprimento médio dos vagões em metro.

As outras variáveis são:

I_{est} - comprimento útil das vias da estação, em metro.

I_C - comprimento da locomotiva operando na estação.

F - folga que a linha deve possuir para permitir a manobra; consideram-se 25 metros.

Assim, substituindo tudo na fórmula da carga do trem, tem-se:

$$Q_{Sp} = \frac{(K_C + K_T) \cdot q_b \cdot (I_{est} - I_C - F)}{L_v}$$

substituindo esse valor na fórmula geral de capacidade, chega-se à seguinte fórmula:

$$C_M = \frac{365 \cdot N_M \cdot K_C \cdot q_b \cdot (I_{est} - I_C - F)}{10^6 \cdot K_H \cdot L_v}$$ milhão de toneladas brutas/ano.

Dessa fórmula, pode-se analisar e verificar que a carga do trem, bem como a capacidade de transporte, é dependente do comprimento útil das vias dos terminais e diretamente proporcional à carga do vagão por metro linear.

A fórmula pode ainda considerar a limitação de tração, que restringe a capacidade de vagões nos trens e, por conseguinte, pode-se simular isto como a restrição da capacidade de vagões por linha de terminais.

Da fórmula chega-se à conclusão que o esforço por melhorar a capacidade de carga dos vagões, o melhor aproveitamento destes e o aumento de carga por metro linear são os fatores básicos para melhoria da capacidade total de transporte da ferrovia. Além disso, esses fatores tendem a reduzir a necessidade de investimentos no aumento do comprimento das linhas férreas dos terminais levando, tudo isso, a uma redução do custo da tonelada transportada pela ferrovia.

6.3.2 Método de Colson

Inicialmente, enumeram-se as variáveis usadas e posteriormente é apresentada a referida fórmula.

$$TT_v = N_t \cdot V_t \cdot C_v \cdot T_f \cdot E$$

TT_v - capacidade de toneladas transportadas pela via;
N_t - número de trens realizados por dia para atender ao fluxo de transporte;
V_t - número de vagões do trem tipo do fluxo de transporte;
C_v - carga de cada vagão da frota em toneladas (lotação);
T_f - período, em dias, dentro do qual se deve fazer todo o fluxo de transporte;
E - eficiência do sistema, usualmente adota-se 0,97.

6.4 Análise da Possibilidade de Aumento da Capacidade da Via

Pode-se analisar o aumento de capacidade de uma via sob três macroalternativas:

1. trem;
2. operação;
3. via.

6.4.1 Trem

Em relação ao trem podem ser tomadas as seguintes medidas:

1. aumento da potência das locomotivas;
2. aumento do comprimento do trem;
3. aumento da carga transportada por vagão;
4. melhoria da manutenção do material rodante.

O aumento da potência das locomotivas leva a um aumento da velocidade média ao longo da linha, particularmente nos trechos críticos à capacidade (gargalos), com o mesmo número de unidades de tração.

No entanto, essa decisão pode levar a uma possível ociosidade de potência em trechos não críticos. Para evitá-la, podem-se utilizar locomotivas *helper* nos trechos críticos, com aumento dos custos operacionais, devido, principalmente, a paradas para acoplamento e desacoplamento e à perda de capacidade por conta dessa locomotiva ter que retornar para estacionar.

Às vezes, locomotivas de grande porte induzem a tecnologias novas que levam a um redesenho das oficinas e treinamento de pessoal para poder mantê-las, o que leva também a um custo maior.

O aumento do comprimento do trem tem por objetivo diminuir o número de trens em circulação, aumentando a composição do trem médio. Isso implica aumentar o comprimento das linhas dos pátios e dos pátios de cruzamento. Também implica adequação dos terminais de carregamento, inclusive nos terminais de usuários, o que nem sempre isto é desejado ou até mesmo se pode fazer.

Essa é uma medida complexa, como será visto na próxima seção, pois o tempo de viagem pode diminuir, porém o tempo em pátio, por conta de manobras, pode aumentar comprometendo o ciclo do vagão.

Um fator muito importante que este aumento acarreta é a elevação de esforços nos engates, o que pode ser minimizado pelo uso de tração distribuída. A tração distribuída também colabora com outro problema gerado por um trem maior que é a curva de frenagem que aumenta, mas com a tração distribuída isso também é minimizado.

A medida de se aumentar o comprimento dos trens, o que leva a um aumento do peso dos trens, deve ser muito bem estudada, pois invariavelmente o aumento das dificuldades operacionais e os possíveis acidentes que venham a ocorrer podem superar os ganhos obtidos pela diminuição do número de trens em circulação.

O aumento da carga transportada por vagão tem como finalidade reduzir também o número de trens em circulação. Essa medida precisa ser cuidadosamente examinada, pois ela gera elevadas tensões de contato roda-trilho. Isso pode levar à quebra prematura dos trilhos por fadiga e ao aumento dos custos de manutenção da linha. O que poderá ocasionar a necessidade de se usar trilhos especiais.

Além dos problemas com o projeto da VP, pode-se também verificar problemas com as obras de arte especiais, pois suas estruturas podem não suportar a nova carga por eixo.

Por fim, a melhoria da manutenção do material rodante leva a uma maior confiabilidade operacional, minimizando falhas de material por fadiga, etc., principalmente quando alcançados altos níveis de transporte. Essa medida implica novos investimentos em instalações de manutenção e demanda mais colaboradores especializados nas equipes de manutenção.

6.4.2 Operação

Em relação à operação podem ser tomadas as seguintes medidas:

1. modernização do sistema de gerenciamento;
2. aumento de velocidade;
3. modernização do sistema de licenciamento e sinalização.

A modernização do sistema de gerenciamento visa, sobretudo, aumentar a eficiência operacional, com menores investimentos. Precisando, para isso, treinar a equipe de colaboradores e introduzir recursos técnicos modernos de gerenciamento e controle de operação.

Os resultados que podem ser alcançados não são imediatos, mas independentemente do aumento de capacidade, toda ferrovia deve, para a manutenção do negócio, buscar essa melhoria operacional.

Quanto ao aumento de velocidade, o que se busca é reduzir o tempo de percurso. Isso geralmente é alcançado melhorando as características técnicas da linha, o que exige vultosos investimentos. O aumento de velocidade implica também necessidade de treinamento dos maquinistas, pois a operação se torna mais delicada demandando profissionais com maior rapidez de resposta às eventuais situações que possam ocorrer.

A modernização do sistema de licenciamento e sinalização é fator primordial no aumento da segurança operacional, reduzindo os atrasos e acidentes. Ganha-se também muito tempo no licenciamento dos trens. O maior problema nessa medida é o impacto na circulação de trens durante o processo de implantação da nova sinalização.

6.4.3 Via

Em relação à via podem ser tomadas as seguintes medidas:

1. modificações de traçado (retificações e variantes);
2. ampliação, relocação e construção de desvios;
3. mudanças na superestrutura;
4. elevação do padrão de manutenção da via.

As modificações de traçado (retificações e variantes) têm como objetivo o aumento da velocidade média e comercial, reduzindo distâncias, assim como os riscos em trechos precários, de difícil manutenção. O problema dessa medida é que usualmente ela implica elevados investimentos em obras que também geram conflitos com a operação na fase de execução.

As melhorias nas rampas críticas são as que despontam como prioritárias dentro do objetivo de aumentar a capacidade de transporte e gerar economia.

Os prazos mais longos de execução das obras de mudança de traçado implicam soluções estratégicas de longo prazo, não se apresentando como solução de curto prazo.

A ampliação, relocação e construção de pátios de cruzamento visam reduzir tempos de percurso entre pátios de cruzamento, tempo de viagem dos trens e, consequentemente, custos unitários de operação. O que levará, portanto, a um aumento de capacidade da via.

A ampliação de pátios de cruzamento existentes permite aumentar o comprimento dos trens em circulação. A construção de novos pátios de cruzamento leva a um aumento de capacidade, conforme já visto, e reduzem o tempo de percurso ente pátios de cruzamento. Já a redução do tempo de percurso entre pátios de cruzamento é a alternativa mais utilizada, quando o objetivo é aumentar a capacidade de transporte, sendo aplicada nos gargalos operacionais. Pode-se adotar uma das medidas já discutidas para melhorar a operação e melhorar a via.

As mudanças na superestrutura têm por objetivo aumentar a confiabilidade operacional. Para tal, pode-se aumentar o seu ciclo de manutenção e, consequentemente, aumentar a disponibilidade da linha para circulação de trens. Dessa maneira, amplia-se a capacidade de transporte.

Com certeza, em paralelo a uma manutenção mais constante devem ser melhorados os componentes da superestrutura, isto é, trilhos mais pesados e soldados, fixações elásticas, maior perfil de lastro e aplicação de dormentes mais resistentes, normalmente dormentes de concreto. A melhoria da superestrutura é uma medida essencial para ferrovias cuja densidade de tráfego tem um perfil de incrementos sucessivos.

A elevação do padrão de manutenção da via visa diminuir as interrupções necessárias para sua manutenção. Com isso tem-se mais tempo disponível para circulação dos trens. Essa medida usualmente necessita de investimentos pesados em equipamentos especializados, máquinas de via, de grande produtividade, com controles eletrônicos que registram os serviços, eliminando falhas humanas. O uso de equipamentos especializados para os serviços de manutenção da via é um imperativo técnico-econômico, pois, além do elevado padrão que proporciona ao estado da via, eliminam-se possíveis falhas humanas e elimina-se, também, a falta de padronização.

O ganho não é somente em melhoria da qualidade da manutenção, mas também na redução de janelas de tempo que a operação deve entregar para a manutenção, pois o serviço é mais rápido, liberando em pouco tempo a via para a operação.

6.5 Transição entre Linha Singela e Linha Dupla

Para uma avaliação do momento de se duplicar a ferrovia, apresenta-se na Figura 6.9, o momento de duplicação da via por meio da análise dos custos.

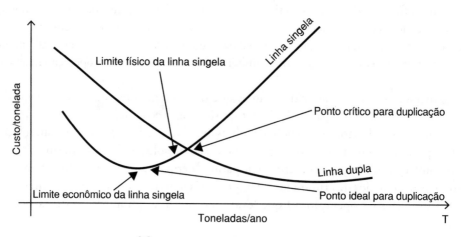

Figura 6.9 Análise do momento de duplicação da via.

Pela análise do gráfico pode-se definir que, a partir do ponto do limite econômico de operação da linha singela, a decisão de duplicar a via deveria ser considerada. No entanto, caso os investimentos não sejam urgentes, o limite crítico de duplicação ocorrerá quando o custo de operação da linha singela se tornar maior que o custo de operação da linha dupla.

7

Cálculo dos Recursos Necessários para Atender a um Fluxo de Transporte

Neste capítulo será estudado o cálculo da frota de vagões e de locomotivas necessários para atender a um fluxo de transporte. Entende-se como frota o número de veículos ferroviários existentes em uma ferrovia. Se forem os vagões, trata-se da frota de vagões, se forem as locomotivas, da frota de locomotivas. A frota pode possuir um subconjunto dedicado a um cliente específico e até mesmo a um fluxo de transporte específico, por exemplo, frota de HFE dedicada ao transporte de soja. Antes de se calcular a frota de vagões e a frota de locomotivas, deve-se entender o conceito de rotação de vagões.

7.1 Rotação e Ciclo de Vagões

A rotação de vagões pode ser entendida como o tempo gasto entre dois carregamentos sucessivos. Nesse tempo, estão incluídos os tempos de carregamento do vagão na origem, circulação do vagão carregado até o destino, descarga no destino e transporte do vagão vazio até outro ponto de carregamento.

Um caso especial é o ciclo de vagões em que há saída da origem onde foi carregado, seguindo ao destino para descarregar e retornar ao ponto de origem para fazer um novo carregamento.

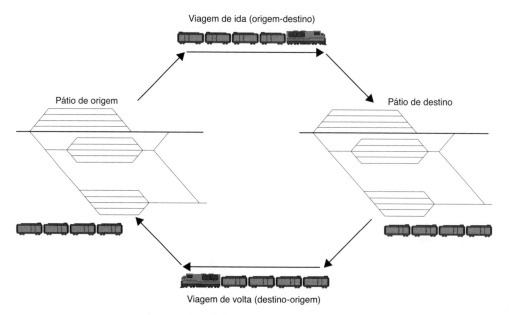

Figura 7.1 Desenho esquemático do ciclo de vagões.

Um grande problema para o cálculo da rotação do vagão é que nem sempre há retorno para o mesmo ponto de origem. Assim, controlar a rotação vagão a vagão fica muito difícil. Considera-se neste livro, portanto, para efeito de simplificação, que o conceito de rotação será o mesmo que o de ciclo médio de vagão.

Apesar de esse conceito ser usado, é preciso atenção para aplicá-lo nos cálculos, pois algum movimento de carregamento mais forte em um ponto mais distante do que outro acarretará em cálculos de tamanho da frota abaixo da necessidade e, portanto, não se conseguirá atender ao programa de transporte.

Com o conceito definido, pode-se expressar a rotação do vagão como: $R = t_{po} + t_{vs} + t_{pd} + t_{vd}$. Sendo que: R – rotação de vagões em dias; t_{po} – tempo de operação (carregamento) no pátio de origem; t_{vs} – tempo de viagem subindo, do pátio de origem ao pátio de destino; t_{pd} – tempo de operação (descarregamento) no pátio de destino; t_{vd} – tempo de viagem descendo, do pátio de destino ao pátio de origem.

Caso a ferrovia tenha carga de retorno para a frota de vagões considerada, além dos tempos anteriormente utilizados, devem ser contabilizados os tempos de carregamento e descarga da carga de retorno. Assim, a rotação com carga de retorno é calculada como: $R = t_{po} + t_{vs} + t_{pd} + t_{vd} + t_{por} + t_{pdr}$; em que: R – rotação de vagões em dias; t_{po} – tempo de operação (carregamento) no pátio de origem; t_{vs} – tempo de viagem subindo, do pátio de origem ao pátio de destino; t_{pd} – tempo de operação (descarregamento) no pátio de destino; t_{vd} – tempo de viagem descendo, do pátio de destino ao pátio de origem; t_{por} – tempo de operação (carregamento) da carga de retorno ao pátio de origem; t_{pdr} – tempo de operação (descarregamento) da carga de retorno no pátio de destino.

Vale a pena ressaltar que a rotação de vagões é um importante indicador de desempenho para as ferrovias.

7.2 Cálculo da Frota de Vagões

O cálculo da frota de vagões para atender a um fluxo de transporte é feito a partir das seguintes variáveis: R – rotação de vagões em dias; C_f – carga, em toneladas, a ser transportada em um fluxo de transporte; T_f – período, em dias, dentro do qual se deve fazer todo o fluxo de transporte; C_v – carga de cada vagão da frota, em toneladas. Se a frota for heterogênea, deve-se fazer uma média ponderada da capacidade de todos os vagões; t_{po} – tempo de operação (carregamento) no pátio de origem; t_{vs} – tempo de viagem subindo, do pátio de origem ao pátio de destino; t_{pd} – tempo de operação (descarregamento) no pátio de destino; t_{vd} – tempo de viagem descendo, do pátio de destino ao pátio de origem.

Primeiro, calcula-se a carga, em tonelada, a ser transportada por dia como: $C_d = \dfrac{C_f}{T_f}$. Com esse dado, calcula-se o número de vagões a serem carregados por dia com a fórmula: $N_d = \dfrac{C_d}{C_v}$, em que C_v é a capacidade do vagão-tipo que será utilizado no fluxo. Com base no número de vagões a serem carregados por dia e considerando o tempo de viagem do pátio de origem ao pátio de destino, além do tempo do destino à origem, calcula-se o número de vagões para atender a um fluxo contínuo de transporte: $N_v = N_d \cdot (t_{po} + t_{vs}) + N_d \cdot (t_{pd} + t_{vd})$.

No entanto, sabe-se, pela definição de rotação de vagões, que $R = t_{p\,o} + t_{v\,s} + t_{p\,d} + t_{v\,d}$, então, substituindo na fórmula de vagões a serem disponibilizados tem-se o número de vagões em função da rotação e do número de vagões a se carregar por dia: $N_v = N_d \cdot R$.

Sabe-se que o número de vagões por dia é: $N_d = \dfrac{C_d}{C_v}$ e sabe-se que a carga a ser transportada por dia é $C_d = \dfrac{C_f}{T_f}$. Substituindo a segunda equação pela primeira, tem-se: $N_d = \dfrac{C_f}{T_f \cdot C_v}$.

Sabe-se, ainda, que o número de vagões para atender ao fluxo de transporte é igual a $N_v = N_d \cdot R$. Substituindo o N_d calculado anteriormente, pode-se calcular o número de vagões a serem designados para atender ao fluxo de transporte como: $N_v = \dfrac{C_f \cdot R}{T_f \cdot C_v}$.

Considerando que haverá uma imobilização da frota para a manutenção na ordem de 20%, que pode ser alterada em função da manutenção de cada ferrovia, define-se m como a taxa de indisponibilidade para o transporte e, então, calcula-se o número de vagões a serem designados para atender ao fluxo de transporte como: $N_v = (1 + m) \cdot \dfrac{C_f \cdot R}{T_f \cdot C_v}$.

Vale ressaltar que esses cálculos são válidos para fluxo de carga a granel. No entanto, para a carga geral eles não são muito adequados. Assim, é proposta uma metodologia de cálculo da frota de vagões para o cálculo do contêiner.

Para o cálculo de fluxo de contêineres, o método de cálculo da frota de vagões citado anteriormente não é muito recomendado, pois não se usa tonelada para cálculo de contêiner e sim TEUs, ou unidades de contêiner de 20′. Assim, como proposta de adaptação ao método, apresenta-se a seguir a fórmula adaptada para o cálculo da frota de vagões necessária ao fluxo de contêiner: $C_d = \dfrac{Q_f}{T_f}$, sendo Q_f igual à quantidade de TEUs a serem carregados em todo fluxo (1 contêiner de 20′ igual a 1 TEU e 1 contêiner de 40′ igual a 2 TEUs). Com a carga transportada em TEUs por dia, calcula-se o número de vagões a carregar por dia pela fórmula: $N_d = \dfrac{C_d}{C_v}$ em que: C_v será sempre de no máximo 2 TEUs, ou seja, dois contêineres de 20′ ou um contêiner de 40′. Para efeito de cálculo, adota-se 2 TEUs, o que representa uma melhor ocupação do vagão.

7.2.1 Fórmula de Colson para cálculo da frota de vagões

Outra forma de se calcular a frota de vagões é por meio da fórmula proposta por Colson. Para melhor compreensão da referida fórmula faz-se necessário estabelecer as seguintes variáveis: N_v – número de vagões para atender ao fluxo; C_f – carga a ser transportada em fluxo de transporte, em toneladas; R – rotação de vagões, em dias; T_f – período dentro do qual se deve fazer todo o fluxo de transporte, em dias; C_v – carga de cada vagão da frota (lotação), em toneladas; m – taxa de indisponibilidade para o transporte. Adota-se 0,20, mas deve ser analisado com a gerência de manutenção; E – eficiência do sistema, usualmente adota-se 0,97. Com essas variáveis definidas, pode-se então apresentar a fórmula de Colson para o cálculo do número de vagões a serem designados para atender ao fluxo de transporte (Colson): $N_v = \dfrac{C_f \cdot R}{T_v \cdot C_v \cdot (1-m) \cdot E}$.

7.3 Cálculo da Frota de Locomotivas

O cálculo da frota de locomotivas para atender a um fluxo de transporte é feito a partir das seguintes variáveis: N_t – número de trens utilizados por dia para atender ao fluxo de transporte; V_t – número de vagões do trem-tipo do fluxo de transporte; L_t – número de locomotivas por cada trem (considerando tração múltipla, se for um trem com uma única locomotiva, então $L_t = 1$); L_f – número de locomotivas para atender ao fluxo; t_{po} – tempo de operação (carregamento) no pátio de origem; t_{vs} – tempo de viagem subindo, do pátio de origem ao pátio de destino; t_{pd} – tempo de operação (descarregamento) no pátio de destino; t_{vd} – tempo de viagem descendo, do pátio de destino ao pátio de origem; R – rotação de vagões, em dias.

Relembrando o cálculo da frota de vagões, sabe-se que a carga em tonelada a ser transportada por dia é calculada por $C_d = \dfrac{C_f}{T_f}$, e o número de vagões a carregar por dia é calculado por $N_d = \dfrac{C_d}{C_v}$. Sabendo quantos vagões o trem para o fluxo de transporte possui, pode-se determinar o número de trens por dia com base na fórmula: $N_t = \dfrac{N_d}{V_t}$.

A rotação $R = t_{po} + t_{vs} + t_{pd} + t_{vd}$, no caso de locomotivas, pode ou não incluir o tempo em pátio, dependendo da operação que a locomotiva de viagem realizará nele, tanto na origem quanto no destino. Se a operação for em um pátio com pera ferroviária, o tempo de rotação da locomotiva deve incluir o tempo de operação no pátio. Caso a operação seja realizada em um pátio sem pera ferroviária e exista locomotiva de manobra no pátio, não se inclui o tempo de operação no pátio no tempo de rotação da locomotiva.

Baseado no número de trens que circulam diariamente, N_t, o tempo da origem ao destino, o tempo de retorno e considerando que todos os trens tenham a mesma quantidade de locomotivas, calcula-se, então, o número de locomotivas necessárias para se atender a um fluxo contínuo de transporte como: $L_f = N_t \cdot L_t \cdot (t_{po} + t_{vs}) + N_t \cdot L_t \cdot (t_{pd} + t_{vd})$. Sabendo-se que $R = t_{po} + t_{vs} + t_{pd} + t_{vd}$ e ajustando a fórmula, chega-se à seguinte fórmula para cálculo do número de locomotivas para atender ao fluxo: $L_f = N_t \cdot L_t \cdot R \cdot (1 + m)$, sendo m o coeficiente de indisponibilidade das locomotivas. Se for admitido que os trens utilizem quantidades diferentes de locomotivas, essas deduções não poderiam ser feitas e, então, considerando que cada trem use L_i locomotivas, a fórmula ficaria: $L_f = R \cdot \displaystyle\sum_{i=1}^{N_t} L_i$, sendo i o índice que representa cada um dos trens formados e N_t o número de trens formados.

7.3.1 Fórmula de Colson para cálculo da frota de locomotivas

Outra forma de se calcular a frota de locomotivas é por meio da fórmula proposta por Colson. Para melhor compreensão da fórmula é necessário estabelecer as seguintes variáveis: L_f – número de locomotivas para atender ao fluxo; C_f – carga a ser transportada em um fluxo de transporte, em toneladas; R – rotação de vagões, em dias; T_f – período dentro do qual se deve fazer todo o fluxo de transporte, em dias; C_v – carga de cada vagão da frota (lotação), em toneladas; V_t – número de vagões do trem-tipo do fluxo de transporte; m – taxa de indisponibilidade para o transporte. Adota-se 0,20, mas deve ser analisado com a gerência de manutenção; E – eficiência do sistema, usualmente adota-se 0,97. Com essas variáveis definidas, pode-se então apresentar a fórmula de Colson para calcular o número de locomotivas para atender o fluxo: $L_f = \dfrac{C_f \cdot R}{T_f \cdot C_v \cdot V_t \cdot (1-m) \cdot E}$.

7.4 Cálculo da Rotação Média de Vagões

Caso não sejam conhecidos os tempos de viagem e os tempos de operação na origem e no destino, pode-se calcular a rotação média para trens unitários. Considerando as varáveis: R – rotação de vagões, em dias; L – distância entre o ponto de origem e o ponto de destino, em km; V – velocidade comercial do trem, em km/h. Tem-se que a rotação para trens unitários (em dias) pode ser calculada: $R = \dfrac{2 \cdot L}{24 \cdot V}$.

Para o caso de ferrovias que não possuam trens unitários, em primeiro lugar calcula-se o número de carregamentos que deverão ser feitos em todo o fluxo. Para tanto, usam-se as seguintes variáveis: N_c – número de carregamentos durante todo o período do fluxo; N_v – número de vagões a serem designados para atender ao fluxo de transporte; C_v – lotação de cada vagão da frota, em toneladas; C_f – carga a ser transportada em fluxo de transporte, em toneladas; T_f – período dentro do qual se deve fazer o fluxo de transporte, em dias; R – rotação, em dias e, então, para calcular o número de carregamentos durante todo o período do fluxo deve-se dividir a carga total do fluxo pela lotação de cada vagão. Assim, tem-se $N_c = \dfrac{C_f}{C_v}$. Substituindo o valor de N_c na expressão de $N_v = \dfrac{C_f \cdot R}{T_f \cdot C_v}$ tem-se a rotação para trens não unitários (em dias) como: $R = \dfrac{T_f \cdot N_v}{N_c}$.

Esse cálculo só é válido para ferrovias que não possuam intercâmbio de vagões com outras ferrovias. Considerando as variáveis N_v – número de vagões recebidos da outra ferrovia; N_s – número de vagões que saíram para outra ferrovia. Pode-se, então, calcular para as ferrovias que possuem intercâmbio a rotação para trens não unitários com intercâmbio: $R = \dfrac{T_f \cdot N_v}{N_c + N_r - N_s}$.

7.5 Exemplo dos Cálculos da Frota de Vagões, Locomotiva e Equipagem para Atender a um Determinado Fluxo Contratado

Supondo que a área comercial de uma ferrovia vendeu para um cliente, por um período de um ano, o transporte de 1.500.000 toneladas de soja para serem transportadas do pátio de Uberlândia (MG) para o Porto de Tubarão (ES).

A área operacional da ferrovia sabe que a distância entre Uberlândia e Tubarão é de 1.500 km. O vagão que será disponibilizado para o transporte será o modelo HFE com lotação média de 68 toneladas. Pelos estudos da ferrovia o percurso entre Uberlândia-Tubarão com o vagão cheio leva 34 horas e no sentido Tubarão-Uberlândia com o vagão vazio leva 30 horas. Para manobrar, carregar, pesar e colocar vagão carregado no trem, o pátio de Uberlândia gasta 4 horas. Para manobrar, pesar, descarregar e colocar vagão vazio no trem, o pátio de Tubarão gasta 5 horas. Com esses dados, precisa-se saber:

1. Quantos vagões devem ser designados para fazer o fluxo vendido?
2. Quantas locomotivas devem ser designadas para o fluxo vendido?
3. Quantas equipagens devem ser designadas para o fluxo vendido?

Primeiro deve-se preparar uma planilha para facilitar os cálculos e poder testar diferentes cenários alterando-se os valores. Na primeira parte da planilha é feita a organização das informações recebidas da área comercial e da área operacional conforme Tabela 7.1.

Tabela 7.1 Registro na planilha dos dados comerciais e operacionais

Fluxo contratado			
Produto	Soja		Unidade
Origem	Uberlândia		
Destino	Tubarão		
Cliente	Ceval		
C_f	Tonelagem	1.500.000	toneladas
Dados do fluxo contratado			
C_v	Vagão-tipo - HFE	68	toneladas
V_t	Número de vagões por trem unitário - fluxo	60	vagões
L_t	Número de locomotivas por trem	1	locomotiva
T_f	Período	365	dias
t_{vo}	Tempo viagem Uberaba-Tubarão (cheio)	34	horas
t_{vd}	Tempo viagem Tubarão-Uberaba (vazio)	30	horas
t_{po}	Tempo de carregamento (incluindo manobra + carregamento + formação)	4	horas
t_{pd}	Tempo de descarga (incluindo manobra + descarga + limpeza + formação)	5	horas
m	Taxa de indisponibilidade para o transporte	0,2	
E	Eficiência do sistema	0,97	

Na Tabela 7.2, é apresentada uma possível solução do exercício de cálculo da frota de vagões e locomotivas para um fluxo contratado.

Em seguida, calcula-se a rotação do vagão conforme a Tabela 7.2.

Tabela 7.2 Cálculo da rotação dos vagões

Cálculo rotação		
Rotação (tempos conhecidos)		
$R = t_{po} + t_{vo} + t_{pd} + t_{vd}$	73	horas
$R = t_{po} + t_{vo} + t_{pd} + t_{vd}$	3,041667	dias
Se não fossem conhecidos os tempos de viagem		
V - velocidade comercial	40	km/h
L - distância entre o ponto de origem e destino	1500	km
Rotação (sem tempos conhecidos e com velocidade e distância conhecidos) trens unitários		
$R = (2 \cdot L) / (24 \cdot V)$	3,125	dias
Muito próximo à anteriormente calculada!		

Após a rotação para o fluxo contratado ter sido calculada, pode-se, então, calcular a frota de vagões, Tabela 7.3.

Tabela 7.3 Cálculo da frota de vagões

Cálculo da frota de vagões		
Carga transportada dia		
$C_d = C_f / T_f$	4109,589041	t/dia
Número de vagões carregados por dia		
$N_d = C_d / C_v$	60,435	
N_d (inteiro)	61	vagões
Número de vagões frota fluxo		
$N_f = (1 + m) \cdot ((C_f \cdot R)/(T_f \cdot C_v))$	220,5882353	
Número de vagões frota fluxo (inteiro)	221	vagões
Número de vagões para o fluxo	**221**	**vagões**

Pode-se observar na Tabela 7.4, que o cálculo pela fórmula de Colson chega a resultados muito próximos aos valores calculados pela metodologia anterior, principalmente se não for considerado o fator de eficiência E.

Tabela 7.4 Cálculo da frota de vagões pela fórmula de Colson

Cálculo da frota de vagões (Fórmula de Colson)		
Número de vagões fluxo	0,20	
$N_v = (C_f \cdot R) / ((T_f \cdot 24) \cdot C_v \cdot (1 - m) \cdot E)$	236,89	
N_v Inteiro	237,00	vagões
Número de vagões para o fluxo (Colson)	**237,00**	vagões
Sem o E	229,78	

Com a rotação e os dados do cálculo da frota de vagões passa-se ao cálculo da frota de locomotivas, Tabela 7.5.

Tabela 7.5 Cálculo da frota de locomotivas

Cálculo da frota de locomotiva		
Número de trens por dia		
$N_t = N_d / V_t$	1,0167	
N_t inteiro	1	trem
Número de locomotivas para o fluxo		
$L_f = N_t \cdot L_t \cdot R$ (tempo de viagem)	2,71	
Número de locomotivas para o fluxo	3	locomotivas
Incluindo 20% indisponibilidade	3,25	
Número de locomotivas para o fluxo	4	locomotivas

Analisando a Tabela 7.6, pode-se perceber que o resultado da frota de locomotivas gerado pela fórmula de Colson fica muito próximo da metodologia anteriormente apresentada, principalmente se não for considerado o fator de eficiência E.

Tabela 7.6 Cálculo da frota de locomotivas pela fórmula de Colson

Cálculo da frota de locomotiva (Fórmula de Colson)		
Número de locomotivas para o fluxo	3,95	locomotivas
$L_f = (C_f \cdot R) / ((T_f \cdot 24) \cdot C_v \cdot V_t \cdot (1 - m) \cdot E)$	4,00	locomotivas
Número de locomotivas é inteiro		
Sem o E	3,83	

Vale ressaltar que se a área comercial vender outro fluxo de soja para, por exemplo, a Bunge, de Uberlândia para Tubarão, pode ser que, com base nos cálculos da dinâmica ferroviária, seja possível agregar os novos vagões para o novo fluxo no mesmo trem que foi mostrado anteriormente.

Com isso, não haveria a necessidade de se designar mais locomotivas e se faria o percurso com um trem maior, melhorando inclusive a circulação da via.

8

Pátios Ferroviários

8.1 Definição

Define-se pátio ferroviário como uma área plana em que um conjunto de vias é preparado para desmembramento e formação de trens, estacionamento de carro e vagões, operações de carregamento e descarga de produtos, manutenção de material rodante e outras atividades.

Nos pátios, o tráfego opera mediante regras, instruções e sinais próprios e, em regra geral, com velocidade reduzida. Cada pátio possui pessoal e equipamento próprios que são usados da melhor maneira, visando reduzir, principalmente, o tempo de permanência dos vagões.

8.2 Importância dos Pátios Ferroviários

Os pátios ferroviários são locais de grande complexidade e um dos maiores gargalos da operação ferroviária. Nos terminais de cargas diversas, estima-se que 70% da frota de uma ferrovia esteja parada realizando alguma operação. Nos terminais especializados, esse número gira em torno de 40%.

Por dados empíricos, tem-se que os veículos ferroviários, sobretudo vagões, passam mais da metade de sua vida útil dentro de pátios ferroviários. Aproximadamente 60% da equipe técnica de uma ferrovia está lotada em pátios ferroviários.

Os novos projetos de pátios ferroviários demandam muitos recursos financeiros, podendo ser estimados em mais de 50% do custo de uma nova ferrovia. Os pátios impactam no custo global da ferrovia por três elementos principais:

1. os valores gastos em investimentos;
2. as despesas de operação;
3. o valor da imobilização do material rodante.

Processos modernos de simulação e análise do projeto podem ser utilizados para reduzir as necessidades de investimentos, sem prejuízo dos resultados esperados.

No custo total de uma ferrovia, pode ser expressiva a parcela correspondente aos custos operacionais variáveis. Esses custos respondem com grande sensibilidade às mudanças de programação do tráfego de mercadorias, que podem exigir modificações técnicas e operacionais no projeto dos terminais.

Por todas essas razões, os novos projetos de pátios ferroviários requerem estudos muito aprofundados que busquem a melhoria da eficiência com vistas à redução dos custos de implantação e de operação da ferrovia.

Em vista dos dados anteriormente apresentados, deve-se constantemente buscar o aumento de produtividade nos pátios ferroviários. Toda melhoria aplicada aos pátios existentes deve ser implantada visando à racionalização dos custos e ao aumento de capacidade para o atendimento das metas futuras de demanda.

Na maioria das vezes, com pequenas melhorias nas instalações fixas e/ou nos critérios operacionais dos pátios, é possível obter significativos ganhos operacionais. Dentre esses, citam-se:

1. melhor aproveitamento dos vagões;
2. ganhos de produtividade;
3. melhor atendimento aos clientes.

Além de tudo que já foi exposto, existe a questão do impacto dos pátios ferroviários na circulação da ferrovia, pois caso eles não operem de modo satisfatório, pode ser gerada retenção de vagões, ocasionando a diminuição do fluxo de cargas em toda a ferrovia e, também, na rotação de vagões e locomotivas.

Este livro tem por objetivo caracterizar os pátios ferroviários, apresentando seus principais tipos e suas funções.

8.3 Elementos de um Pátio Ferroviário

Para operar, um pátio ferroviário deve possuir os seguintes elementos:

1. linhas ferroviárias.
2. material rodante para executar as manobras ferroviárias.
3. áreas de carregamento e descarga de produtos.
4. pessoal treinado para as manobras ferroviárias.
5. outros recursos.

As linhas ferroviárias são delimitadas na largura pelos trilhos – que definem a bitola da via – e, no comprimento, pela extensão disponível de linha até o para-choque de fim de linha (Figura 8.3). São nas linhas ferroviárias que todas as manobras ocorrem.

As linhas são dispostas no pátio formando desvios visando facilitar o desmembramento e a formação de trens. Um feixe de linhas representa um conjunto de vários desvios, conforme se pode observar na Figura 8.1.

O comprimento útil do desvio é a parte onde o material rodante pode ficar estacionado sem correr risco de haver colisão com o material rodante posicionado na linha mais próxima. O comprimento útil (L_u) é demarcado pelo marco de via, determinado, em alguns pátios sinalizados, pelo sinaleiro anão. Usualmente, o desvio deve ter no mínimo 50 metros a mais do que o maior trem que pretende ser manobrado, pois é necessário deixar espaço de folga para frenagem (Figura 8.1). O comprimento de uma linha, ou desvio, é, muitas das vezes, medido em número de vagões de certo tipo que o desvio comporta e não em metros.

Os desvios que possuem entrada e/ou saída por ambos os lados são denominados desvios vivos. Podem ocorrer casos em que o desvio só possua uma entrada/saída. Neste caso, é denominado desvio morto (Figura 8.2).

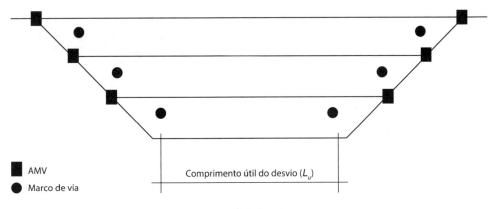

Figura 8.1 Desvios.

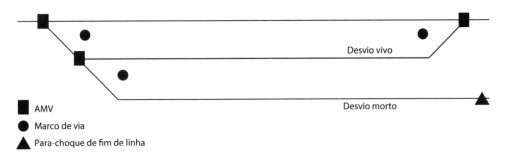

Figura 8.2 Tipos de desvios.

No final do desvio morto é implantado um para-choque de fim de linha que tem por função não permitir que o material rodante ultrapasse o fim da linha e, consequentemente, descarrile. No caso do desvio morto, o comprimento é delimitado pelo marco de via e pelo para-choque de fim de linha (Figura 8.3).

O material rodante de pátios ferroviários é composto somente pelas locomotivas de manobra, que são máquinas próprias para este fim, ou locomotivas antigas que, por não serem economicamente viáveis para serem utilizadas em viagens, ficam atendendo às manobras do pátio. Não se consideram os vagões como material rodante do pátio, tendo em vista que eles só passam pelos pátios para as manobras que estão sendo realizadas.

As linhas ferroviárias comportam o material rodante, mas para as operações de carga e descarga devem existir áreas anexas às linhas para que os equipamentos de carregamento e descarga possam fazer as suas respectivas operações.

Não existe a possibilidade de se realizar as manobras em pátios ferroviários sem uma equipe de profissionais treinados e capacitados tendo em vista o risco eminente de acidentes com prejuízo à integridade do colaborador e, também, o risco de perda do patrimônio da ferrovia.

Figura 8.3 Para-choque de fim de linha.

Além dos recursos anteriormente citados, deve-se destacar que os pátios ferroviários devem ter outros recursos, não menos importantes dos que os anteriormente citados. Dentre eles, ressaltam-se os seguintes: estação ferroviária, torre de controle, guaritas, sistema de comunicação.

8.4 Decisões a Serem Tomadas em Relação à Escolha do Local de um Pátio

Nesta seção não é exaustivamente tratada a questão de localização de um pátio, mas procura-se ressaltar situações que devem ser criteriosamente analisadas e estudadas antes da decisão de escolha de um local para instalação de um pátio ferroviário.

Dentre essas situações citam-se:

1. disponibilidade de área (expansão);
2. topografia e geologia do terreno;
3. fator econômico-financeiro, social e ambiental;
4. área urbana;
5. transporte intermodal.

8.5 Terminologia Básica

Esta seção não tem por função ser um dicionário de todos os termos usados na concepção, projeto e operação de pátios ferroviários, mas sim listar os principais termos empregados e dar uma definição a fim de homogeneizar os conceitos que serão usados ao longo deste livro.

Locomotiva escoteira é o termo usado para se referir a uma locomotiva que circula sem estar acoplada a qualquer outro tipo de veículo ferroviário.

Manobra ferroviária pode ser definida como todas as operações que têm por objetivo movimentar vagões e locomotivas pelas linhas dos pátios ferroviários visando ao desmembramento e à formação de trens para atender às operações ferroviárias.

Cortar um vagão significa abrir o engate entre dois vagões, ou entre vagão e locomotiva separando-os ou desengatando-os com o objetivo de desmembrar o trem em lotes ou vagões isolados (Figura 8.4).

Engatar vagão ou locomotiva é atividade de se recuar um trem, à baixa velocidade, para engatar o vagão da cauda no vagão que está estacionado. Após o engate, devem ser conectados os mangotes do encanamento geral e ser feita a abertura das torneiras angulares para a passagem de ar pelo encanamento geral de toda a composição. Pode ocorrer o engate de uma locomotiva escoteira com vagões ou outra locomotiva.

Figura 8.4 Corte de vagão.

Figura 8.5 Torneira angular a meio pau.

Torneira a meio pau é a situação na qual a torneia angular fica meio aberta provocando o mau funcionamento do freio automático do trem. Essa é uma situação que ocorre quando a torneira angular não possui manípulo removível.

Desengatar vagão ou locomotiva é atividade de se abrir o engate e autorizar a locomotiva a puxar para que o bloco de vagões seja separado do trem manobrado. Atenção especial deve ser dada ao fechamento das torneiras angulares evitando que o trem aplique emergência.

Passar ar ou passar vento significa que, após a operação de engate, devem-se abrir as torneiras para deixar passar ar pelo encanamento geral até atingir a pressão da cauda de operação.

Puxar o trem significa autorizar a locomotiva a circular para frente com a locomotiva na frente da composição.

Recuar o trem significa circular com o trem de ré, lembrando sempre que para realizar esta operação, deve-se ter cobertura de cauda.

Cobertura de cauda refere-se à necessidade de sempre ter um profissional habilitado posicionado na cauda do trem quando este estiver realizando uma manobra de recuo, ou seja, circulando de ré. Este profissional poderá estar no próprio trem ou poderá estar a pé acompanhando a manobra. Todos os procedimentos estão descritos no Regulamento de Operação Financeira (ROF) (Figura 8.6, Figura 8.7 e Figura 8.8).

Teste de cauda é o teste que deve ser realizado imediatamente antes do trem sair para viagem. Após o trem formado, esse teste consiste basicamente em passar ar pelo encanamento geral até a pressão de viagem, que depende do tipo do material rodante e da bitola da via.

Após isso, isolar o abastecimento de ar para o encanamento geral e verificar depois de um minuto qual foi a perda de pressão que houve na cauda do trem (Figura 8.9). Depois desse tempo, verifica-se qual foi a perda de pressão, e se ela estiver dentro dos limites aceitáveis para o trecho em que o trem vai circular, o trem é liberado para viagem. Caso a pressão não esteja dentro dos limites na cauda, é preciso vasculhar o trem procurando onde pode estar havendo vazamento. Uma vez encontrado o vazamento, deve ser retirado por meio da substituição do mangote ou das borrachas de vedação. Uma vez identificado e o vazamento consertado, deve-se fazer novo teste de cauda até se chegar ao limite tolerado para liberar para viagem.

Feixe de desvios representa o conjunto de linhas de desvios ativos ou mortos paralelos que nascem a partir da mesma linha secundária ou mesma linha primária.

Fazer chave significa movimentar a posição das agulhas do Aparelho de Mudança de Via (AMV) visando dar um direcionamento para circulação dos trens. Quando a chave do AMV for manual, deve-se movimentar a *maromba* visando mudar a direção das agulhas. Quando a chave do AMV for de acionamento elétrico, a chave é feita remotamente por meio de sistema computacional operado por um responsável pelas manobras, normalmente o Controlador de Pátio e Terminais (CPT).

Figura 8.6 Cobertura de cauda em vagão-gôndola.

Figura 8.7 Cobertura de cauda de vagão plataforma vazio.

Figura 8.8 Cobertura de cauda para locomotiva escoteira.

Figura 8.9 Verificação de pressão na cauda do trem (teste de vazamento de freio).

Chave boa é quando a chave do AMV está feita na direção do movimento desejado.

Chave contra ocorre quando um trem está se movendo na direção do jacaré para a agulha, e o AMV está com as agulhas viradas para o sentido contrário ao movimento. Esta é uma situação que o responsável por fazer a chave não pode sob hipótese alguma deixar acontecer. Essa situação é tão crítica que em alguns pátios ferroviários de ferrovias brasileiras existem quadros registrando os eventos de chave contra (Figura 8.10).

Formação de trem é a operação de fazer o engate de diversos lotes ou grupos selecionados de vagões que irão compor um trem para uma viagem.

Tempo de permanência de um vagão dentro de um pátio ferroviário é contado a partir do momento do desengate da locomotiva de viagem que entregou o trem no pátio de recepção até o engate de outra locomotiva, em um trem que vai retirar o vagão do pátio de formação.

Retenção de vagão é o tempo que o vagão ficou à disposição do pátio além do tempo máximo contratado pelo cliente estabelecido por contrato.

Figura 8.10 Campanha AMV a favor.

8.6 Operações Típicas em Pátio Ferroviário

Em um pátio ferroviário típico, diversas operações básicas podem ocorrer. Dentre elas, podem ser citados:

1. recepção do trem;
2. desmembramento do trem;
3. estacionamento de vagões;
4. inspeção do trem;
5. limpeza;
6. documentação;
7. pesagem;
8. carregamento;
9. descarga;
10. formação.

Essas atividades se combinam conforme a função ou o serviço que o trem demande do pátio. Assim pode-se ter como exemplo um trem que ao chegar passe pela recepção, seja desmembrado, estacionado, depois descarregue, seja inspecionado, limpo, carregado, pesado, seja registrada toda a documentação da carga carregada e por fim o trem seja formado para viajar.

Pode se perceber que é possível gerar uma infinidade de combinações de sequenciamento das atividades citadas anteriormente, e conhecer bem essa sequência dará ao gestor do pátio capacidade de analisar os tempos de cada uma e atuar para reduzir o tempo de estadia no pátio, aplicando inclusive ferramentas de simulação de eventos discretos que muito ajudam nessa atividade.

8.7 Tipos de Pátios Ferroviários

Os tipos dos pátios são definidos em função das operações que neles podem ser realizadas. Assim, têm-se, com base na função exercida pelo pátio, os seguintes tipos de pátios:

1. pátio de manobra;
2. terminal ferroviário;
3. pátio de triagem;
4. pátio de oficina;
5. pátio de intercâmbio.

Vale ressaltar que outros autores podem dar outras denominações, no entanto, os tipos, anteriormente listados, são genéricos e abrangem a quase totalidade das funções realizadas em pátios ferroviários. O pátio de manobra e o terminal ferroviário serão tratados em capítulos específicos. Os outros pátios vão ser tratados dentro deste capítulo.

8.7.1 Pátio de triagem

O pátio de triagem pode ser visto como um pátio de manobra que tem por função atender a duas realidades operacionais na ferrovia.

A primeira situação é o entroncamento de duas ou mais linhas de uma ferrovia em que pode haver a reorganização do trem. Como exemplo, podem-se citar dois trens pequenos que vêm de cada ramal do entroncamento e no pátio de triagem esses trens são manobrados e são engatados um no outro formando um único trem para seguir viagem.

A segunda situação é quando a ferrovia muda significativamente o seu perfil, por exemplo, início de um trecho em rampa mais forte. Nesta situação o trem deve ser desmembrado para poder seguir viagem.

8.7.2 Pátio de oficina

Nos pátios de oficina estão localizadas as oficinas de locomotivas, as oficinas de vagões, as oficinas de máquinas de via, dentre outras oficinas.

Normalmente, as ferrovias centralizam em um ou no máximo dois pontos as oficinas para manutenções. O tamanho desses pátios depende do total de material rodante que a ferrovia possui. Os pátios de oficina usualmente são geridos pela própria oficina, tendo em vista o tráfego muito específico dentro delas.

8.7.3 Pátio de intercâmbio

Este pátio é específico para a situação em que duas ferrovias se encontram e pode ser necessária a troca de material rodante entre as ferrovias.

Destaque deve ser dado para o caso de ferrovias de bitolas diferentes, no caso, o pátio ferroviário de intercâmbio pode ser chamado de pátio ferroviário de transbordo. Neste caso, usualmente, para a carga geral e para o contêiner, uma linha de uma bitola é posicionada paralela a uma linha de outra bitola e, por meio de equipamentos de carregamento e descarga, leva-se a carga de um vagão de bitola métrica para um de bitola larga ou vice-versa. No caso do granel, na maioria dos casos o vagão deve ser descarregado de um vagão de uma bitola para posteriormente ser carregado em um vagão de outra bitola.

8.8 Estações Ferroviárias

As estações ferroviárias são escritórios anexos aos pátios ferroviários que têm como responsabilidade coordenar as seguintes atividades: administrativa, operacional e comercial do pátio o qual ela coordena.

Nos procedimentos administrativos, cabem à estação o controle de toda a documentação que circula com os trens, o acompanhamento dos índices de controle do terminal, dentre outros.

Nos procedimentos operacionais cabe à estação controlar os eventuais defeitos da VP e do material rodante, fazendo a interface com as equipes de manutenção. Deve, ainda, fazer a interface com o CCO para coordenar a chegada e a saída de trens do pátio, inclusive as questões de prioridades de recebimento e formação de trens.

Uma função operacional muito importante é acompanhar, a todo momento, a ocupação de todas as linhas do pátio e fazer o planejamento da utilização das mesmas em função dos trens que tem a receber e a formar. Também é função da estação repassar para os manobreiros e maquinistas quais as manobras devem ser realizadas. Sendo que estes só podem executar manobras com a autorização expressa da estação.

Cabe à estação a interface comercial no que tange ao contato com os clientes da ferrovia, coletando documentação, verificando a entrega e o recebimento de cargas e recebendo eventuais reclamações e elogios do cliente.

Quando uma estação possui um pátio muito grande, tornando o trabalho muito difícil de coordenar, são criadas as torres de controle. As torres de controle controlam as manobras em uma área específica de um pátio maior. Essa determinação é dada pela EFVM, principalmente no Pátio de Tubarão.

As guaritas, ou postos, têm por função fazer o controle de acesso de veículos e pessoas à área operacional dos pátios ferroviários.

O sistema de comunicação é de vital importância para a operação do pátio ferroviário. Destaca-se, sobretudo, o sistema de rádio que ainda é amplamente o mais utilizado. Mas, acrescenta-se a este, os sistemas de rádio frequência para dados e os sistemas de fibra óptica para automação de alguns pátios.

Outro recurso importante atualmente são as câmeras filmadoras que acompanham remotamente todas as operações no pátio, dando mais seguranças às operações e melhor controle dos serviços.

8.8.1 Centro de controle de pátios (CCP)

Quando o pátio fica muito grande e complexo, faz-se necessário criar uma estrutura mais robusta dentro da estação ferroviária visando agilizar as manobras dos pátios. Essa estrutura é denominada Centro de Controle de Pátios (CCP).

O CCP é o setor de uma estação ferroviária que visa coordenar todas as manobras da estação; usualmente o CCP só é criado em estações que gerenciam pátios de grande porte. Vale ressaltar que nos pátios menores é a própria estação ferroviária que gerencia as manobras.

Além disso, se o pátio for automatizado e com chaves de AMV com acionamento elétrico, o responsável pelo CCP pode fazer todas as chaves de dentro do escritório, garantindo maior eficiência e diminuindo os riscos de acionamentos manuais equivocados no pátio (Figura 8.11).

Figura 8.11 CCP do Pátio de Tubarão.

8.8.2 Mapa de controle de operações de pátios ferroviários

Uma das técnicas mais utilizadas para a gestão dos pátios pelos colaboradores que exercem a função de controlar os pátios e terminais é o Mapa de Controle de Operações de Pátios Ferroviários.

O mapa consiste em um *layout* de todo o pátio ou de um setor contendo todas as linhas, equipamentos de carregamento e descarga, facilidades, sinalização e o que mais for relevante no pátio. Este desenho é bem esquemático mostrando as linhas férreas como uma linha simples no desenho e sobre elas os principais equipamentos e a capacidade em número de vagões de cada linha.

De posse desse mapa, o responsável pelo pátio vai registrando a lápis em cima de cada linha do pátio qual o trem ou lote está ocupando aquela linha e o horário de entrada na linha. Após essas anotações, ele mantém comunicação direta com o pátio para saber quais as previsões de término das operações, ou desocupação da linha. Assim que a linha é desocupada, ele apaga com a borracha o trem anotado sobre a linha, tendo, dessa forma, a desocupação da mesma.

Em todas as ferrovias modernas, esses movimentos no papel devem ser registrados em sistema computacional, mantendo, assim, o registro de todas as manobras do pátio. Assim, o responsável consegue acompanhar toda a ocupação do pátio e toda a previsão de liberação e ocupação de linhas. Com esses dados e a sua própria experiência, ele vai planejando as manobras para aperfeiçoar o seu uso evitando bloqueios operacionais. Nos pátios ferroviários sinalizados, esse trabalho é facilitado pelo sistema que informa a ocupação das linhas e verifica todos os eventuais bloqueios das linhas.

9

Pátio de Manobra

9.1 Definição

Pátios de manobra são aqueles destinados a realizar todo tipo de manobra de veículos ferroviários. São formados por diversas linhas, agrupadas em feixes, que formam os subpátios. Têm por objetivo otimizar as manobras ferroviárias visando ao desmembramento e à formação de trens.

9.2 Tipos de Pátios de Manobra

Em função do número de vagões atendidos, os pátios de manobra podem ou não ter as três áreas bem definidas. Assim, em função do arranjo das áreas do pátio de manobra, ele pode ser classificado como:

1. combinado;
2. progressivo.

9.2.1 Pátios combinados

Os pátios de manobra combinados não possuem todas as três áreas bem definidas, podendo usar todas as linhas para todas as funções citadas.

Nos pátios combinados ocorre uma maior possibilidade de bloqueios. O bloqueio ocorre quando uma operação interfere na outra, e o responsável pelo pátio se vê forçado a parar uma das operações até liberar as linhas de manobra que estão sendo usadas em outra manobra.

No entanto, apesar das dificuldades inerentes ao pátio combinado, a maioria dos pátios ferroviários no Brasil são combinados.

9.2.2 Pátios progressivos

Os pátios de manobra progressivos possuem todas as divisões bem definidas como mostra a Figura 9.1. São caracterizados por terem cada uma das áreas bem definidas e delimitadas. São mais adotados em pátios de manobra com maior volume de trens a serem recebidos e formados para viagem.

No entanto, eles são raros nas ferrovias brasileiras em face do seu alto custo e espaço necessário para construí-lo. Os pátios que mais se aproximam de um pátio progressivo são os pátios em pera ferroviária, porém eles não são efetivamente um pátio progressivo. Cabe ressaltar que os pátios em pera ferroviária são muito adequados para carregamento e descarga de vagões de granel sólido.

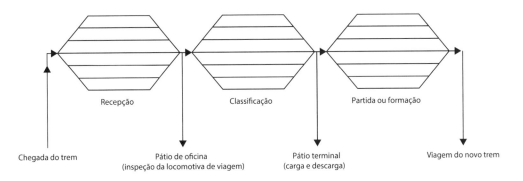

Figura 9.1 Áreas, feixes de desvios de um pátio de manobra progressivo.

Destaca-se que nem sempre os três pátios têm a mesma quantidade de linhas, normalmente, o maior número pertence ao pátio de classificação.

A seguir, são descritas cada uma das principais subdivisões do pátio de manobra, que a partir deste ponto serão simplesmente chamadas, também, de pátios.

9.3 Subdivisões de um Pátio de Manobra

Os pátios de manobra podem ser subdivididos em três áreas, ou feixes de desvios. A seguir, citam-se as principais áreas de um pátio de manobra:

1. recepção;
2. classificação;
3. formação.

9.4 Pátio de Recepção

No pátio de recepção o trem é recebido, a locomotiva de viagem é cortada do trem, os vagões são estacionados e ficam aguardando vaga para ir para o pátio de classificação.

A maior importância do pátio de recepção é acomodar todos os vagões direcionados para o pátio de manobra e liberar imediatamente as linhas de circulação da ferrovia, permitindo, assim, que o tráfego ocorra sem interrupções. Antes do desengate da locomotiva, o empregado do pátio responsável pela recepção do trem deve recolher com o maquinista toda a documentação, notas fiscais e conhecimentos de embarque, referente à carga que o trem está transportando bem como outros documentos que porventura estejam sob a guarda do maquinista.

A locomotiva de viagem pode ser enviada ao pátio de oficina, no qual passará por uma inspeção para determinar se ela pode, ou não, ser direcionada ao pátio de formação a fim de realizar uma nova viagem. Nem todos os pátios de manobra possuem uma área específica para inspeção de locomotivas, e nesse caso essa atividade pode não ser realizada.

No pátio de recepção, deve-se ainda vistoriar os vagões, marcando aqueles que não têm condição de continuar operando. Dentre as inspeções nos vagões que devem ser feitas, destacam-se:

1. sistema de freio;
2. sistema de engate;
3. rodas e eixos;
4. estado geral da caixa.

Essa inspeção é feita percorrendo-se todo o trem e analisando um a um os vagões recebidos. Caso seja detectada alguma avaria, ela deve ser informada imediatamente à estação indicando inclusive o risco para operações subsequentes com o vagão.

Se o vagão com avaria estiver vazio, ele deve ser direcionado ao pátio de oficina. Se estiver cheio e o terminal ferroviário for integrado ao pátio de manobra, então ele deve ser descarregado e, em seguida, direcionado ao pátio de oficina. Deve-se, ainda, fazer uma verificação do estado da carga nos vagões carregados. Caso ela se encontre avariada, deve-se fazer imediatamente um documento comunicando a avaria da carga.

No momento que a locomotiva é cortada, ou seja, separada do trem recebido, considera-se este o início do tempo de permanência dos vagões no pátio de manobra. Esse marco de controle é muito importante, pois a eficiência do pátio de manobra é medida pela permanência do vagão, ou do lote, no pátio de manobra.

Usualmente, a locomotiva de viagem não é a mesma utilizada para as manobras no pátio. Cada pátio possui suas próprias locomotivas de manobra, normalmente de menor potência que as locomotivas de viagem, que operam somente no respectivo pátio de manobra. Nos pátios de manobra pequenos, a locomotiva de viagem pode fazer as operações de manobra, tendo em vista nem sempre haver disponibilidade de locomotivas de manobra no pátio. É importante também, assim que o trem parar, fazer a troca da equipagem para evitar de pagar hora extra aos maquinistas.

Existindo vaga no pátio de classificação, o manobreiro corta os vagões estacionados no pátio de recepção em função do destino, do cliente e do produto que eles transportam, e autoriza a manobra de puxar os vagões, por uma locomotiva de manobra, do pátio de recepção para uma linha específica do pátio de classificação.

Essa separação pode ocorrer, não só em função do destino, do cliente e do produto, mas, também, pela mudança de perfil da linha, trecho plano para trecho em rampa, ou vice-versa, ou, ainda, em função de o pátio ser o ponto de intercâmbio entre duas ferrovias.

9.5 Pátio de Classificação

Os vagões que chegam ao pátio de recepção são manobrados e puxados pelas locomotivas de manobra para o pátio de classificação em função do destino, do cliente e do produto. Normalmente, o pátio de classificação é o que tem maior quantidade de linhas, pois cada uma delas deve ser destinada a um conjunto de vagões que tenham um destino, um cliente ou um produto comum visando ao desmembramento dos vagões para posterior agrupamento no pátio de formação a partir de um dos itens citados. Os pátios de classificação podem ser de dois tipos:

1. plano;
2. com *hump yard*.

Os dois tipos são descritos a seguir.

9.5.1 Pátio de classificação plano

Nos pátios planos, todos os feixes de linhas do pátio de classificação estão no mesmo plano do pátio de recepção e todos os vagões precisam ser manobrados por locomotivas de manobra. Com isso, dependendo da quantidade de destinos, clientes e produtos, pode-se gerar uma grande quantidade de manobras, em baixa velocidade e com grande tráfego de locomotivas e vagões no pátio, demandando, assim, um maior número de locomotivas de manobras, pessoal para acompanhá-las e fazer as chaves dos AMVs, a fim de direcionar cada lote de vagões para a linha correta do feixe de linhas do pátio de classificação.

No pátio plano, deve-se reservar pelo menos uma linha do feixe de linhas para que a locomotiva de manobra possa retornar para o pátio de recepção e engatar em outro vagão, a fim de levá-lo até a linha do pátio de classificação. Essa linha é denominada *linha de circulação*.

No Brasil, praticamente todos os pátios de manobra são de classificação plano, com exceção do pátio de Tubarão da EFVM.

9.5.2 Pátio de classificação com *hump yard*

O pátio de classificação com *hump yard* é um modelo de pátio que usa a gravidade para fazer a classificação dos vagões reduzindo de forma substancial o número de manobras necessárias e, consequentemente, o tempo total de classificação. Isso também leva a uma redução do número de locomotivas de manobra e pessoal.

Apesar dessas vantagens, o pátio de classificação com *hump yard* depende de investimentos muito maiores que os necessários para um pátio plano e, portanto, ele é normalmente utilizado em pátios com grande movimentação, justificando, assim, o investimento realizado.

O *hump yard* é composto de quatro partes:

1. rampa ascendente;
2. trecho plano (curto), corte de vagões;
3. rampa descendente, ou contrarrampa;
4. feixe de linhas de classificação.

Pode-se ver na Figura 9.2 um layout esquemático de um pátio de classificação com *hump yard*.

A locomotiva de manobra trabalha somente empurrando os vagões do pátio de recepção para a rampa ascendente do *hump yard* até que o engate do vagão a ser cortado esteja no trecho plano (Figura 9.3). Ao entregar o último vagão, ela retorna ao pátio de recepção e empurra mais outro lote de vagões para classificar no *hump yard*. No pátio de Tubarão, único pátio ferroviário da América Latina com *hump yard*, os vagões não são, de fato,

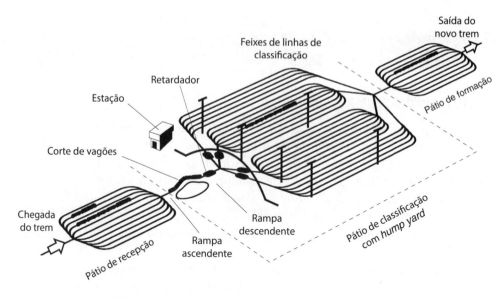

Figura 9.2 Layout esquemático de um pátio de classificação com *hump yard*.

Figura 9.3 Locomotiva empurrando vagões na rampa ascendente do *hump yard*.

classificados em origem, destino, cliente e carga e, sim, são separados em vagões bons para seguir viagem e vagões que devem ser encaminhados à oficina de manutenção de vagões.

No trecho plano encontra-se um manobreiro que faz o corte do vagão em movimento (o *hump yard* é o único pátio ferroviário em que é permitido fazer corte de vagão com os vagões em movimento, nos outros pátios o corte só poderá ocorrer quando o vagão estiver parado). Para saber qual vagão será cortado, o manobreiro é informado por rádio ou por lista impressa dos pontos de corte, ou seja, qual o vagão vai ser desengatado. Uma vez que tenha sido feito o corte, já existe um lote de vagões à frente do corte que se encontra na rampa descendente e, por gravidade, ele começa a descer.

Como os vagões estão desengatados e estão sem freio, totalmente drenados, eles poderiam pegar velocidade e não parar. Para resolver isso, é colocado um retardador de velocidade para frear os vagões e evitar que eles colidam com os vagões que já estão estacionados na linha ou que passem da linha de classificação e invadam o pátio de formação (Figuras 9.4 e 9.5). O retardador de vagões, conforme mostra a Figura 9.5, é um conjunto de duas chapas acionado pneumaticamente que pressiona as rodas dos vagões fazendo-as reduzir a velocidade. O retardador de velocidade e os AMVs que direcionam para cada linha do pátio de classificação são acionados à distância pelo controlador dentro da estação de controle do pátio.

Deve se notar que a inclinação da rampa não pode ser muito forte, caso contrário haveria a necessidade de uma locomotiva muito forte para levar os vagões até a parte plana. No entanto, não pode ser muito suave, pois existe o risco de os vagões não ganharem velocidade na contrarrampa para correrem as linhas de classificação e chegar ao final delas.

Figura 9.4 Vagões descendo a rampa, passando pelo retardador.

Figura 9.5 Detalhe de um retardador de vagão.

9.6 Pátio de Formação

O pátio de formação tem por objetivo principal agrupar os conjuntos de vagões, classificados no pátio de classificação, dentro da sequência de estações a que eles se destinam, e engatar uma locomotiva de viagem a fim de iniciar mais uma viagem com um novo trem.

Nesse pátio, também devem ser providenciadas todas as documentações necessárias para que o trem siga viagem, notas fiscais e conhecimentos de embarque. Os vagões não podem viajar sem essa documentação, caso contrário são considerados *vagões clandestinos*. Dessa forma, os lotes de vagões da primeira estação em que o novo trem vai passar devem ser posicionados na cauda do trem, evitando assim que na próxima estação sejam feitas manobras para retirar os vagões destinados a ela.

Além disso, a formação do trem depende da disponibilidade de locomotivas de viagem e do trecho a ser percorrido. Caso não se tenha disponibilidade de tração para viagem, deve ser formado um trem menor, com menos vagões. Caso o trecho da viagem seja muito pesado, com muitas rampas, o trem deverá ser menor.

No pátio de partida, deve-se, antes de autorizar o trem a circular, vistoriar os vagões. Dentre as inspeções nos vagões que devem ser feitas, destacam-se:

1. sistema de freio;
2. sistema de engate;

3. rodas e eixos;
4. estado geral da caixa.

Caso seja encontrada alguma anomalia, a viagem não deve ser autorizada. Duas situações podem ocorrer:

1. a anomalia pode ser reparada no próprio pátio de fomação;
2. a anomalia só pode ser consertada no pátio de oficina.

No primeiro caso, o socorro mecânico é chamado, a anomalia é reparada e libera-se o trem para viagem. No segundo caso, o trem deve ser manobrado, o vagão que apresenta a anomalia deve ser retirado do trem, e este deve ser formado de novo, acarretando muito atraso e custo. Não deve ser esquecido que a documentação do trem deve, também, ser refeita.

Outra inspeção muito importante que é realizada no pátio de formação é o teste de freio no trem. Nenhum trem pode partir sem realizar o teste de vazamento, ou teste de freio ou teste de cauda.

Quando a locomotiva de viagem é acoplada aos vagões estacionados no pátio de formação, formando assim o trem pronto para circular, é encerrado o tempo de permanência do vagão no pátio, podendo-se, então, calcular a permanência do vagão dentro do pátio. Quando tudo estiver de acordo, a estação é informada e solicita ao CCO autorização para o trem circular na via principal da ferrovia. Nesse momento, o trem passa a ser conhecido por um número.

O comprimento das linhas do pátio de formação deve comportar o trem mais longo que se pretende operar na malha ferroviária em que ele está inserido e possuir o número de linhas igual ao número de trens que se pretende formar simultaneamente.

10

Terminal Ferroviário

10.1 Definição

O terminal ferroviário é um pátio dedicado ao carregamento e à descarga de produtos. Essa denominação vem do fato de que os pátios que efetuavam carregamento e descarga de produtos estavam nas pontas das linhas ferroviárias, ou seja, nos terminais da linha. Por exemplo, a EFVM tem seus pontos de carregamento nas minas e descarregamento no Porto de Tubarão, justamente os pontos terminais da ferrovia. Essa mesma situação ocorre com a EFC onde em uma extremidade da via está a mina de Carajás e na outra o Porto de Ponta da Madeira. Atualmente, os terminais ferroviários estão posicionados ao longo da ferrovia, mas a denominação permanece.

Aos terminais ferroviários, usualmente, está acoplado um pátio de manobra, pois um trem, que não seja um trem unitário, ao chegar, deve ser desmembrado e os lotes devem ser enviados aos terminais ferroviários específicos. De maneira geral, os lotes são encaminhados aos terminais após passarem pelo pátio de recepção e pelo pátio de classificação.

Depois de os carregamentos terem sido realizados, os vagões são enviados de volta ao pátio de classificação para serem reagrupados por destino, cliente e produto. Para os vagões vazios, descarregados, o mesmo acontece, pois devem ir para o pátio de classificação para serem direcionados a outros clientes/estação que os irão carregar. Após voltarem ao pátio de classificação, seguem o fluxo normal de um pátio de manobra e vão para o pátio de formação.

Nos terminais ferroviários devem existir áreas projetadas para o carregamento e a descarga de produtos, compostas por instalações próprias para cada tipo de produto. Essas áreas precisam ter equipamentos para o tipo de carga que a área movimenta, assim, podem-se ter terminais especializados em:

1. carga a granel;
2. carga geral;
3. contêiner.

10.2 Terminal Ferroviário para Granel

Em um terminal ferroviário para granel, as instalações variam em função do tipo da carga (sólido ou líquido). Os vagões mais utilizados para carga a granel sólida são os do tipo gôndola para virador (GD), do tipo gôndola com abertura lateral (GF) e os do tipo *hopper* aberto com tremonha na parte inferior (HA) para os elevados. Outro tipo de vagão específico que pode ser usado é o tipo tanque para materiais pulverulentos (TP), por exemplo, cimento.

10.2.1 Terminal ferroviário para granel sólido

As instalações de um terminal ferroviário para granel sólido são divididas em:

1. instalações para carregamento;
2. instalações para descarga.

Instalações para carregamento

Dentre as instalações para carregamento de vagões, destacam-se:

1. praias do terminal;
2. muros de carregamento;
3. silos de carregamento.

Praia do terminal

A praia do terminal é a disposição mais clássica para os terminais ferroviários. Consiste basicamente em uma área paralela às linhas dos desvios, pavimentada ou preparada em pelo menos um dos lados da linha em que os equipamentos vão operar. Os caminhões podem se aproximar para fazer a descarga do material a ser embarcado *a posteriori* no vagão.

A praia do terminal é a forma mais econômica para carregamento de granel, mas, nem sempre, a maneira mais eficiente. Os vagões são carregados por meio de pás mecânicas, no caso de uma carga de minério de ferro (Figura 10.1), por exemplo, ou por meio de empilhadeiras especiais, como no caso de toretes de madeira (Figura 10.2).

Figura 10.1 Carregamento de minério de ferro em praia do terminal.

Figura 10.2 Carregamento de torete em praia do terminal.

Muros de carregamento

Os muros de carregamento são construções que servem para suportar um aterro mais alto do que a linha férrea e que fica na altura aproximada do frechal dos vagões. Usualmente, a face desse aterro tem um muro de arrimo a 90° paralelo à linha férrea em que o vagão será posicionado (Figura 10.3).

Por cima desse aterro circulam as pás mecânicas que trazem a carga das pilhas de estocagem e as depositam dentro dos vagões. As pilhas de estocagem devem estar próximas ao muro para evitar grandes deslocamentos das pás mecânicas. São usados, principalmente, para minério de ferro, carvão, calcário, gusa, entre outros.

Silos de carregamento

Os silos são estruturas, metálicas e/ou de concreto, que comportam um grande depósito em sua parte superior e possuem uma abertura na parte inferior, cuja altura é superior ao frechal do vagão, ou na altura da carga, que fica acima do frechal do vagão, conforme pode ser visto na Figura 10.4.

O depósito do silo é alimentado por correias transportadoras que levam o material até seu interior (Figuras 10.5 e 10.6). Os silos automatizados possuem a vantagem de carregar o vagão sempre com peso-padrão e com uma melhor distribuição da carga no vagão (Figura 10.7). Os silos de carregamento fazem o mesmo papel dos muros de carregamento, no entanto, conseguem uma maior eficiência operacional e menores custos de operação.

Figura 10.3 Vagão estacionado ao lado do muro de carregamento.

Figura 10.4 Silo de carregamento de minério de ferro.

Figura 10.5 Transportador de correia que alimenta o silo.

Silos agrícolas

No caso de carga a granel agrícola, como soja, farelo de soja, milho etc., alguns silos diferem um pouco do modelo apresentado, principalmente em função do tipo de vagão utilizado, o *hopper* fechado. O princípio é o mesmo, só que as comportas possuem tubos que podem ser operados de forma automática (Figura 10.8), ou pelo operador de carregamento que direciona a carga para os lados e cantos dos vagões.

Instalações para descarga de vagões ferroviários

Dentre as instalações para descarga de vagões com granel sólido, citam-se:

1. viradores de vagões;
2. elevados;
3. moegas ferroviárias;
4. praias do terminal.

Figura 10.6 Silo de carregamento em pera dupla (dois silos).

Viradores de vagão

Os viradores de vagões são usados para descarga de produtos a granel carregados em vagões-gôndola do tipo GD. Nesses viradores, os vagões são literalmente girados a aproximadamente 180° (Figura 10.9), e a carga cai por gravidade em transportadores de correia que conduzem a carga até as áreas de estocagem.

Elevados

No caso do elevado, no momento de descarregar, o vagão é parado em cima do elevado, que possui somente os trilhos para o deslocamento do material rodante, sendo, portanto, vazado no meio. As comportas laterais (Figura 10.10), ou inferiores do vagão são abertas, e a carga cai na parte de baixo da ponte. Após a descarga de todos os vagões, pás mecânicas recolhem a carga e a colocam em caminhões que distribuem para as áreas de estocagem, ou ainda as próprias pás levam a carga até a área de estocagem.

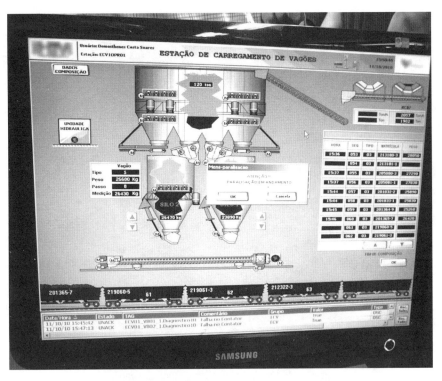

Figura 10.7 Sistema automatizado de controle do carregamento em silo.

Figura 10.8 Carregamento automatizado de granel agrícola em vagões *hopper*.

Figura 10.9 Virador de vagões girando um vagão.

Figura 10.10 Detalhe do vagão GFE com comportas abertas após descarga em elevado.

Entre os principais produtos descarregados por elevados, citam-se: calcário, gusa, escória, areia, minérios (por exemplo, manganês e cromo), coque, pelotas etc. Os vagões mais empregados nessa operação são os de modelo GF, que são gôndolas e têm comportas laterais. Podem, ainda, ser usados os vagões *hopper* abertos com tremonhas inferiores do tipo HA.

Moegas ferroviárias

Nas moegas ferroviárias, tem-se a descarga dos vagões por gravidade. No entanto, a carga passa por um piso de grelha (Figura 10.11) e, depois, por gravidade, a carga cai sobre transportadores de correia (Figura 10.12), que levam a carga até armazéns ou silos.

Nesse processo, destacam-se os seguintes produtos descarregados: soja, milho, farelo, fertilizantes, cal, magnesita, fosfato, enxofre, açúcar etc. Os vagões mais empregados são os do tipo *hopper*, HF, com abertura na parte de baixo denominada *tremonhas*. Depois de descarregados na moega ferroviária, os grãos são levados para os armazéns por meio de transportadores de correia cobertos (Figura 10.13).

Uma vez que a carga esteja armazenada nos armazéns, procede-se a retirada por meio de comportas no piso, que são abertas fazendo com que a carga caia por gravidade nos transportadores que levam aos silos de carregamento de trens ou caminhões ou para os navios (Figura 10.14).

Figura 10.11 Piso em grelha por onde a carga passa até cair nos transportadores.

Figura 10.12 Detalhe da parte inferior de uma moega ferroviária.

Figura 10.13 Transportadores de correia que levam os grãos da moega para os armazéns.

Figura 10.14 Comportas no piso do armazém de grãos.

Para a operação de descarga, a praia do terminal é bastante limitada, e são poucas as cargas a granel que operam nesse tipo de pátio. Dentre as poucas cargas que podem ser operadas, cita-se o torete de madeira usando o mesmo equipamento empregado no carregamento (Figura 10.2).

10.2.2 Terminal ferroviário para granel líquido

Para o granel líquido, utilizam-se os vagões do tipo TC, tanque para líquido, TA para ácidos líquidos e TG para gás liquefeito de petróleo, entre outros. São utilizadas instalações especiais para carregamento e descarga. O fator primordial a ser observado é a questão ambiental devido aos riscos da operação. Na Figura 10.15 pode-se observar uma operação de descarga de vagão-tanque e, na Figura 10.16, pode ser vista uma operação de carregamento.

10.3 Terminal Ferroviário para Carga Geral

Em um terminal ferroviário para carga geral, as instalações variam muito, sendo praticamente exclusivas para cada tipo de carga. Os vagões mais utilizados para carga geral são as plataformas, do tipo P (PM, PE, PD, PQ, entre outras) e os vagões fechados, do tipo F (FHD, FLB, FQD, entre outros). Podem, ainda, serem usados os vagões-gôndola (GF)

Figura 10.15 Descarga de combustível de vagão-tanque.

Figura 10.16 Carregamento de vagão-tanque.

para carregamento de fio máquina. No entanto, existem dois tipos básicos de terminal ferroviário para carga geral:

1. cobertos;
2. a céu aberto.

Terminais cobertos

Os terminais cobertos têm por objetivo operar cargas que não podem ficar expostas ao tempo e precisam ser operadas independentemente da situação climática (chuva, neve etc.). Entre as cargas que necessitam dessa proteção, podem ser citados fardos de celulose, sacos de leite em pó, bobinas de aço a frio, entre outras. Esse tipo de terminal necessita, portanto, de armazéns com linhas férreas que passem por seu interior para carregamento e descarga (Figura 10.17). Outra opção é o armazém que possua o telhado, na sua parte lateral, prolongado por cima da linha férrea.

Terminais a céu aberto

Os terminais a céu aberto seguem o mesmo conceito de praia do terminal, podendo ser pavimentados ou não (Figura 10.18). Obviamente, terminais mais organizados, comumente, têm sua praia do terminal pavimentada, permitindo assim trabalhar independentemente de chuva, que pode vir a tornar a praia do terminal um atoleiro.

Figura 10.17 Vagão passando dentro do armazém para carregamento de fio máquina.

Figura 10.18 Carregamento de blocos de granito a céu aberto.

Equipamentos para operação de carga geral

Os equipamentos utilizados para carregamento e descarregamento de carga geral são os mais diversos, mas pode-se destacar os seguintes equipamentos usados dentro do armazém ou em área a céu aberto:

1. empilhadeira de garfo;
2. empilhadeira de *clamp*;
3. homem.

Empilhadeiras de garfo

As empilhadeiras de garfo podem ser usadas para movimentação de diversas cargas, usualmente existem modelos de 2 a 30 toneladas de capacidade (Figuras 10.19 e 10.20).

Empilhadeiras de *clamp*

As empilhadeiras de *clamp* são mais usadas para operação de fardos de celulose ou bobinas de papel. Esse tipo de empilhadeira possui duas laterais móveis que se fecham para segurar o fardo de celulose (Figura 10.21).

Figura 10.19 Empilhadeira de garfo operando com tarugos.

Figura 10.20 Empilhadeira de garfo operando com bloco de granito.

Figura 10.21 Empilhadeira de *clamp* para operação de fardo de celulose.

Pórticos e pontes rolantes

Existem dois equipamentos que exercem a mesma função das empilhadeiras, mas com diferentes nomenclatura e estrutura dependendo do seu uso ser dentro do armazém ou a céu aberto. São eles:

1. pórticos;
2. pontes rolantes.

Pórticos

Os pórticos possuem estrutura própria e motorização para se locomover ao longo do pátio (Figura 10.22). Podem circular sobre trilhos ou sobre pneus.

Os que circulam sobre trilhos têm a vantagem de suportar mais carga e permitir uma eventual automação da operação (Figura 10.22). Os que circulam sobre pneus suportam menos carga e apresentam maior dificuldade em automação, mas, em contrapartida, possuem uma grande flexibilidade operacional podendo se locomover pelas diversas linhas de carregamento e descarga do terminal, de acordo com as necessidades operacionais.

Pontes rolantes

As pontes rolantes não possuem estrutura própria e são instaladas dentro de armazéns, apoiadas sobre a própria estrutura do armazém (Figura 10.23). Especial atenção deve ser dada ao projeto estrutural do armazém, pois as vigas de sustentação da ponte rolante devem

Figura 10.22 Pórtico sobre trilhos para movimentação de granito.

Figura 10.23 Ponte rolante operando fio máquina.

Figura 10.24 Arrumação de vagão fechado por homens.

ser calculadas como se fossem estruturas de pontes ferroviárias ou rodoviárias, ou seja, elas devem ser calculadas por meio da técnica denominada linha de influência.

Homem

Não se pode esquecer que o homem ainda exerce papel importante em carregamento e descarga de vagões, principalmente os fechados que carregam caixas e sacos não unitizados e que necessitam ser arrumados manualmente (Figura 10.24).

10.4 Terminal Ferroviário para Contêiner

Os equipamentos utilizados para carregamento e descarga de contêiner são bem específicos. Podem ser citados os seguintes equipamentos:

1. empilhadeiras *reach stacker*;
2. empilhadeiras *top lift*;
3. *transtêiner*.

Empilhadeiras *reach stacker* e *top lift*

As empilhadeiras *reach stacker* (Figuras 10.25 e 10.26) e *top lift* (Figura 10.27) são especializadas para operação de carregamento e descarga de contêiner.

Transtêiner

Os *transtêineres*, conhecidos como *rubber tyred gantry* (RTG) quando têm pneus (Figura 10.28), possuem estrutura própria e motorização para se locomover ao longo do pátio. Podem circular sobre trilhos ou sobre pneus, Figura 10.29.

Figura 10.25 Empilhadeira *reach stacker* para contêiner.

Figura 10.26 Empilhadeira *reach stacker* (visão lateral).

Figura 10.27 Empilhadeira *top lift* para contêiner.

Figura 10.28 *Transtêiner* operando em pátio.

Figura 10.29 *Transtêiner* – detalhe dos pneus.

Conforme mencionado anteriormente a respeito de pórticos, os que circulam sobre pneus suportam menos carga e apresentam maior dificuldade em automação, mas contam com maior flexibilidade operacional de acordo com as necessidades de se operar sobre diferentes blocos do pátio de contêiner.

Os vagões mais utilizados para transporte de contêiner são as plataformas PC que são específicas para contêiner (Figura 10.30). Também são usadas plataformas, do tipo P (PM, PE, PD, PQ, entre outras), adaptadas para contêiner.

Figura 10.30 Plataforma PCD geminada específica para contêiner.

11

Projeto de Pátios Ferroviários

11.1 Introdução

Como visto anteriormente, a maior parte do tempo da vida útil do material rodante ocorre dentro dos pátios ferroviários. Isso contribui diretamente para o aumento do tempo do ciclo dos vagões. Projetos e estudos bem elaborados podem gerar grandes benefícios econômicos para a ferrovia. Dessa forma, é interessante que se realize de maneira mais criteriosa o projeto dos pátios ferroviários.

Os projetos devem ter dois objetivos principais:

1. redução dos custos de investimento;
2. redução da permanência dos vagões dentro do pátio.

No entanto, deve-se notar no gráfico da Figura 11.1 que a redução dos custos de investimento nas instalações físicas geralmente leva a um aumento do tempo de atendimento aos vagões. Isso gera diretamente aumento da permanência dos vagões no pátio e, consequentemente, aumento do custo de retenção dos vagões. O que se busca, então, é o equilíbrio entre esses dois fatores. Para isso, deve-se conseguir um tempo de atendimento ótimo que leve a um custo total do pátio mínimo, mas esse não é o de menor permanência dos vagões dentro do pátio, nem é o de menor custo de investimento (Figura 11.1).

Para dimensionar de modo correto um pátio ferroviário, é fundamental o conhecimento da programação de viagens na malha ferroviária que se destinam ao terminal. Devem-se saber, dentro da programação, os seguintes dados:

1. número de trens que chegam por dia;
2. número e tipo de vagões por trem;
3. número de tipos de cargas transportadas;
4. número de clientes a serem atendidos;
5. tempo estimado de carregamento e descarga;
6. restrições de tempo máximo de permanência dos vagões no pátio.

Com esses dados, pode-se iniciar o projeto do pátio observando os seguintes passos:

1. fazer um estudo da distribuição das manobras necessárias em planta, segundo o planejamento elaborado;
2. analisar a natureza do tráfego atual e projetar o tráfego futuro do pátio;
3. reparar o arranjo preliminar do feixe de linhas;
4. fazer as simulações, em computador, ou em maquete, das operações a serem realizadas;
5. fazer os ajustes ao projeto em função da simulação.

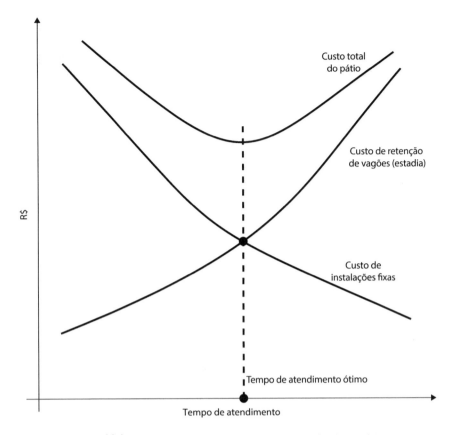

Figura 11.1 Equilíbrio de custos em um projeto de pátio ferroviário.

Todos os passos são importantes e necessários para um projeto de pátio ser bem-sucedido, tanto na questão de custo como na questão de eficiência operacional.

11.2 Dimensionamento do Pátio

A partir das informações e premissas de projeto vistas anteriormente, o dimensionamento de um pátio consiste no dimensionamento e na definição de capacidade dos seguintes itens:

1. linhas férreas;
2. equipamentos de manobras;
3. instalações e áreas de estocagem;
4. equipamentos e transferência;
5. equipamentos de manuseio.

A partir deste ponto, são apresentadas as fórmulas de cálculo desses itens citados anteriormente. Deve-se registrar que a metodologia apresentada é um indicador de um valor inicial, mas a partir desse valor, deve-se fazer uma análise mais aprofundada com base nas características específicas de cada pátio a fim de se definir os valores finais de projeto.

11.2.1 Linhas férreas

Deve-se determinar o número e o comprimento necessários das linhas de recepção, classificação (pátios planos) e formação dos trens. Deve-se calcular, também, as linhas dos terminais ferroviários.

Comprimento da linha

Para o pátio de recepção e para o pátio de formação, considerando-se uma linha de um feixe de um desvio vivo para estacionar os trens, tem-se a seguinte fórmula:

$$C_{lg} = N_{lt}\, C_{lv} + C_f + 2 \cdot C_{ma} + C_{lo}$$

em que:

C_{lg} - comprimento da linha a ser construída em pátios de recepção e de formação;
N_{lt} - número de lotes por trem;
C_{lv} - comprimento do lote de vagões, em metros;
C_f - folga mínima recomendada de 50 metros, sugere-se manter no mínimo 100 metros;
C_{ma} - comprimento do marco até a ponta da agulha, se for desvio morto, considera-se o C_{ma} só uma vez, não precisando multiplicar por dois como na fórmula anterior;
C_{lo} - comprimento da locomotiva.

Comprimento de linha nos terminais ferroviários

Nos terminais ferroviários deve-se ainda analisar o tipo de carregamento. Se o carregamento é realizado de forma contínua, na qual o vagão se move e a instalação fica estacionária, por exemplo, silos, moegas, viradores de vagão, peras ferroviárias, bobinas operadas com ponte rolante (Figura 11.2), deve-se considerar a seguinte fórmula:

$$C_{lt} = 2 \cdot C_{lv} + C_{in} + C_{lo} + folga$$

em que:

C_{lt} - comprimento da linha do terminal;
C_{lv} - comprimento do lote de vagões, em metros;
C_{in} - comprimento da instalação;
C_{lo} - comprimento da locomotiva.

A folga pode ser considerada de 50,0 a 100,0 m.

O parâmetro C_{ev} tem que ser multiplicado por dois na fórmula, pois se deve ter uma linha antes e outra depois da instalação de carregamento e de descarga de mesmo tamanho do lote e, também, considera-se só o tamanho de um lote tendo em vista que a descarga ou carregamento é feito lote a lote.

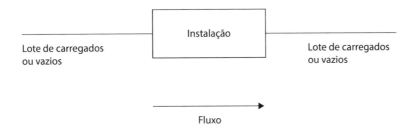

Figura 11.2 Carregamento de forma contínua.

Caso ocorra carregamento de forma estática, em que o vagão fique parado e a instalação se mova, por exemplo, granito carregado ou descarregado em pórticos ou gusa carregado com pá mecânica (Figura 11.3), deve-se considerar a seguinte fórmula:

$$C_{lt} = C_{lv} + C_{lo} + folga$$

Caso a instalação esteja localizada em um desvio vivo, deve-se incluir na fórmula o comprimento do marco até a ponta da agulha. Também se conclui que a instalação deve atender ao tamanho do lote como um todo. Portanto, pode-se dizer que $C_{in} = C_{lv}$.

Figura 11.3 Carregamento de forma estática.

Comprimento do lote de vagões

O comprimento do lote de vagões é calculado multiplicando-se o número de vagões pelo comprimento do vagão de engate a engate. A seguir é apresentada a fórmula de cálculo do comprimento do lote de vagões.

$$C_{lv} = C_v \cdot N_{vl}$$

em que:

C_v - comprimento de cada vagão de engate a engate;
N_{vl} - número de vagões em cada lote.

Número de linhas

O número de linhas é calculado pela multiplicação do tempo de permanência média do trem na linha pelo número de lotes que são direcionados para o setor. O valor dessa multiplicação é, então, dividido pela disponibilidade diária do pátio.

$$N_l = \frac{(T_p \cdot L_s)}{D_d} \cdot F_e$$

em que:

N_l - número de linhas;
T_p - tempo médio em horas/linha de permanência do lote de vagões;
L_s - número diário de lotes de vagões que são direcionados para o setor;
D_d - disponibilidade diária do setor do pátio, em horas;
F_e - fator de eventualidades de atraso nas manobras estimado em 25%.

Esse cálculo também pode ser utilizado para os terminais ferroviários, lembrando que, nesse caso, o número de linhas será igual ao número de instalações.

Comprimento total das linhas

O comprimento total de linhas a ser construído é calculado multiplicando-se o comprimento de cada linha pelo número de linhas.

$$C_t = C_l \cdot N_l$$

em que:

C_t - comprimento total das linhas do pátio a serem construídas.

11.2.2 Locomotivas de manobra

O cálculo para se chegar ao número final de locomotivas de manobra é razoavelmente complexo pelas diversas variáveis e conformações dos pátios. No entanto, ressalta-se que o número de locomotivas calculado nessa metodologia é somente uma referência e precisa ser criteriosamente analisado.

Uma análise que também deve ser feita é que, em pátios pequenos com pouquíssimas manobras, as próprias locomotivas de viagem podem fazer as manobras. Nos pátios de médio e grande porte, já se justifica designar uma locomotiva de manobra dedicada às operações do pátio. Nos terminais ferroviários podem-se usar, além da locomotiva de manobra, tratores, empilhadeiras ou pás mecânicas para fazer o posicionamento dos vagões para carregamento e descarga.

Todos os fatores anteriormente citados são complicadores inerentes ao cálculo, e a fórmula apresentada não contempla todos esses detalhes. Dessa maneira, o número de locomotivas é obtido pela metodologia a seguir.

Em um terminal ferroviário, uma locomotiva usualmente, de forma empírica, pode fazer quatro movimentos para manobra dos lotes. São eles:

1. partição do trem no setor de classificação;
2. posicionamento do lote de vagões no desvio para carregamento e/ou descarga;
3. retirada do lote de vagões do desvio para o setor de classificação e
4. formação do trem.

Posteriormente, deve-se calcular o tempo médio de manobra que é representado pela divisão da distância a ser percorrida pela velocidade de manobra da locomotiva.

$$T_m = \frac{D_m}{V_m}$$

em que:

T_m - tempo médio de manobra;
D_m - distância média percorrida por movimento ou manobra;
V_m - velocidade média da manobra.

A distância média percorrida por movimento ou manobra, de forma empírica, pode ser calculada como o comprimento total de todas as linhas do pátio que a locomotiva percorre, indo e retornando para onde saiu.

$$D_m = C_l \cdot 2$$

em que:

D_m - comprimento total das linhas do pátio a serem construídas;
C_l - comprimento total das linhas do pátio a serem construídas.

Prosseguindo com os cálculos, calcula-se o número de movimentos que uma locomotiva pode fazer por hora. Por regra de três, se uma manobra é feita em T_m horas, então em uma hora faz-se: $M_h = \frac{1}{T_m}$ manobras, em que M_h representa o número de movimentos que uma locomotiva pode fazer.

Como se sabe que $T_m = \frac{D_m}{V_m}$, substituindo na equação anterior tem-se:

$$M_h = \frac{V_m}{D_m}$$

Calcula-se, então, o número de locomotivas pela fórmula:

$$NL = \frac{N_m \cdot N_{vl}}{M_h \cdot D_d} \cdot F_e$$

em que:

NL - número de locomotivas necessárias;
N_m - número de movimentos de manobra, que, conforme apresentado antes, tem o valor de 4;
N_{vl} - número de vagões por lote;
M_h - número de movimentos que uma locomotiva pode fazer;
D_d - disponibilidade diária, em horas, do setor do pátio;
F_e - fator de eventualidades de atraso nas manobras estimado em 25%.

No entanto, caso esteja sendo analisado um pátio com pera ferroviária, esse cálculo deve usar N_m com valor igual a 1.

11.2.3 Instalações e área de estocagem

Assim como as locomotivas de manobra, as estimativas das áreas e volumes ocupados por instalações de estocagem são empíricas e dão um valor inicial aos estudos.

Granel

A fórmula a seguir define um espaço volumétrico de um armazém ou pátio de estocagem necessário para comportar a carga a ser estocada.

$$E_{lns} = \frac{T_d}{P_{esp}} \cdot P_c \cdot F_e$$

em que:

E_{ins} - espaço em volume necessário para o armazém ou pátio de estocagem;
T_d - tonelagem diária manuseada, em t/dia;
P_{esp} - peso específico do material, em t/m^3;
P_c - permanência média da carga, em dias;
F_e - fator que representa a imobilização do armazém estimado em 25%.

Carga geral

Visando definir uma fórmula para carga geral, devem-se definir, inicialmente, quantos produtos podem ser empilhados uns sobre os outros e depois quantos produtos cabem por metro quadrado de piso do armazém ou pátio de estocagem.

$$E_{ins} = \frac{N_{item} \cdot A_{item}}{H_{item}} \cdot P_c \cdot F_e$$

em que:

E_{ins} - espaço em metros quadrados de piso necessário para o armazém ou pátio de estocagem;
N_{item} - número de itens da mercadoria a ser manuseada, em unidades por dia;
A_{item} - área de um item da mercadoria a ser armazenada, em m^2;
H_{item} - quantos itens da mercadoria a ser armazenada podem ser empilhados, em unidades;
P_c - permanência média da carga, em dias;
F_e - fator que representa a imobilização do armazém estimado em 25%.

Para o contêiner, a fórmula apresentada anteriormente se aplica igualmente.

Atenção especial deve ser dada aos projetos de pátio em função da resistência do piso para suportar a verticalização da carga.

11.2.4 Equipamentos de transferências

Assim como os cálculos anteriormente citados, a fórmula aqui apresentada dá uma ideia de quantos equipamentos são necessários, mas sob nenhuma hipótese essa quantidade pode ser considerada como um número definitivo, tendo em vista que muitos estudos operacionais são demandados para a definição do número de equipamentos.

Granel

Os equipamentos de transferências voltados para o granel sólido são: transportador de correia, viradores de vagão, moegas, silos etc. O dimensionamento do número de equipamentos de transferência é obtido pela fórmula.

$$N_{Et} = \frac{T_d}{T_e \cdot D_d} \cdot F_e$$

em que:

N_{Et} - número de equipamentos de transferência;
T_d - tonelagem diária a ser transferida;
T_e - tonelagem transferida por equipamento/hora;
D_d - disponibilidade diária do setor do pátio, em horas;
F_e - fator que representa a imobilização do equipamento estimado em 25%.

Carga geral

Aplica-se a mesma fórmula anterior, considerando somente que, em vez de toneladas, deve ser entendido como itens da mercadoria ou contêiner.

11.2.5 Regra principal de projeto

Não existe sob nenhuma hipótese um bom projeto sem projetistas com larga experiência prática em operações de pátios ferroviários. A regra fundamental é aliar ao máximo a experiência dos mais antigos e experientes com a cultura e técnica dos mais novos a fim de manter a operacionalidade do terminal, acrescentando sempre novidades e melhorias.

12

Indicadores de Desempenho Operacional da Operação Ferroviária (*Key Performance Indicator* – KPI)

Foram reunidos neste capítulo os principais indicadores que devem ser gerenciados pela operação ferroviária. Atualmente, os indicadores de desempenho são denominados *Key Performance Indicator* (KPI). Para facilitar o entendimento, eles foram classificados nas seguintes categorias:

1. Indicadores de produção;
2. Indicadores de consumo ou eficiência energética;
3. Indicadores de utilização do material rodante;
4. Indicadores de utilização da VP;
5. Indicadores de acidentes com patrimônio;
6. Indicadores de acidente do trabalho;
7. Indicadores de pátios ferroviários.

A seguir é apresentada cada uma das categorias citadas.

12.1 Indicadores de Produção

Indicadores de produção dizem respeito à movimentação de carga pela ferrovia. A seguir são listados os principais indicadores de produção.

12.1.1 Tonelada útil

O primeiro indicador analisado é o total de tonelada efetivamente transportada na ferrovia. Esse indicador é denominado Tonelada Útil (TU) que nada mais é que o somatório das toneladas úteis transportadas na ferrovia. Usualmente, ele é expresso em TU $\times$ 10^3 e sua apuração é mensal.

$$TU_f = \sum_{i=1}^{n}\sum_{v=1}^{m} TU_{iv}$$

em que:

TU_f - indicador tonelada útil da ferrovia;

n - número de vagões da ferrovia;

m - número de viagens de cada vagão da ferrovia;

TU_{iv} - tonelada útil de cada vagão i da ferrovia em uma viagem v.

12.1.2 Tonelada quilômetro útil

A tonelada útil pode não revelar o real esforço da ferrovia em transportar carga. Pois uma coisa é uma ferrovia transportar uma tonelada por 100 km e outra é transportar a mesma uma tonelada por 1000 km. Assim, a tonelada útil não seria um índice justo para se comparar as duas ferrovias, pois o esforço da segunda ferrovia de circular mais 900 km a impediria de ter uma produção tão boa quanto a primeira.

O índice mais usado pelas ferrovias é o momento de transporte que mede a tonelada útil transportada pela distância percorrida e é conhecido por Tonelada Quilômetro Útil (TKU), ou seja, o somatório dos produtos das toneladas úteis transportadas multiplicado pelas distâncias em quilômetros correspondentes. Usualmente é expresso em TKU $\times\ 10^6$ e sua apuração é mensal.

$$TKU_f = \sum_{i=1}^{n}\sum_{v=1}^{m} TU_{iv} \cdot \mathrm{km}_{iv}$$

em que:

TKU$_f$ - indicador de tonelada quilômetro útil da ferrovia;
n - número de vagões da ferrovia;
m - número de viagens de cada vagão da ferrovia;
TU_{iv} - tonelada útil de cada vagão i da frota em uma viagem v;
km$_{iv}$ - quilômetro percorrido por cada vagão i da ferrovia em uma viagem v transportando TU_{iv} toneladas.

12.1.3 Tonelada quilômetro bruta

Outro indicador importante de produção, similar ao TKU, é o Tonelada Quilômetro Bruta (TKB) que mede a tonelada bruta transportada (lotação mais a tara dos vagões) pela distância percorrida, ou seja, o somatório dos produtos das toneladas brutas transportadas multiplicado pelas distâncias em quilômetros correspondentes. Usualmente é expresso em TKB $\times\ 10^6$ e sua apuração é mensal.

$$TKB_f = \sum_{i=1}^{n}\sum_{v=1}^{m} TB_{iv} \cdot \mathrm{km}_{iv}$$

em que:

TKB$_f$ - indicador tonelada quilômetro bruta da ferrovia;
n - número de vagões da ferrovia;
m - número de viagens de cada vagão da ferrovia;
TB_{iv} - tonelada bruta (tara mais lotação) de cada vagão i da ferrovia em uma viagem v. Portanto, a tonelada bruta é calculada como: $TB_{iv} = \mathrm{Tara}_i + Lotação_{iv}$;
km$_{iv}$ - quilômetro percorrido por cada vagão i da ferrovia em uma viagem v transportando TB_{iv} toneladas.

Esse indicador é importante para calcular o indicador de eficiência energética, tendo em vista a locomotiva ter de tracionar todo o peso do vagão. O índice de eficiência energética será visto em uma seção posterior.

12.1.4 Produtividade da malha (bilhão de TKU/quilômetro de malha)

Indicador de eficiência operacional em relação à malha da ferrovia.

$$P_{malha} = \frac{10^6 \cdot TKU}{\mathrm{km}_{malha}}$$

em que:

TKU - tonelada quilômetro útil da ferrovia;
km_{malha} - quilômetro de linhas da ferrovia.

12.1.5 Produtividade de locomotiva (TKU/locomotiva)

Indicador de eficiência operacional em relação às locomotivas da frota.

$$P_{loco} = \frac{TKU}{N_{loco}}$$

em que:

TKU - tonelada quilômetro útil da ferrovia;
N_{loco} - número de locomotivas da frota.

12.1.6 Produtividade de vagão (TKU/vagão)

Indicador de eficiência operacional em relação aos vagões da frota.

$$P_{vagão} = \frac{TKU}{N_{vagão}}$$

em que:

TKU - tonelada quilômetro útil da ferrovia;
$N_{vagão}$ - número de vagões da frota.

12.1.7 Produtividade de empregado (TKU/empregados)

Indicador de eficiência operacional em relação aos vagões da frota.

$$P_{vagão} = \frac{TKU}{N_{empregado}}$$

em que:

TKU - tonelada quilômetro útil da ferrovia;
$N_{empregado}$ - número de empregados da ferrovia.

12.1.8 Receita (receita transporte/TKU)

Relação da receita em relação a TKU.

$$RTKU = \frac{US\$}{TKU}$$

em que:

TKU - tonelada quilômetro útil da ferrovia;
US$ - receita da empresa em transporte.

12.2 Indicadores de Consumo ou Eficiência Energética

Em função do alto consumo de diesel e do alto custo das locomotivas, aliado ao fato de que o consumo de energia gera CO_2 que gera o efeito estufa, as ferrovias têm cada vez mais buscado a eficiência energética a fim de reduzir seus custos e poluir menos o meio ambiente.

Dessa maneira, o indicador mais usado é o de eficiência energética (litros/TKB). Esse índice expressa a relação entre a quantidade de óleo diesel gasto, apurada em litros, dividido pelo TKB.

$$EE_f = \frac{\sum_{j=1}^{n} D_j}{TKB_f}$$

em que:

EE_f - indicador de eficiência energética da ferrovia;
n - número de locomotivas da ferrovia;
D_j - consumo de diesel de cada uma das locomotivas j da ferrovia;
TKB_f - indicador tonelada quilômetro bruta da ferrovia.

12.3 Indicadores de Utilização do Material Rodante

Indicadores de utilização do material rodante dizem respeito à maneira como o material vem sendo empregado no transporte pela ferrovia. A seguir são listados os principais indicadores de utilização do material rodante considerado.

12.3.1 Rotação ou ciclo de trem

Esse índice já foi apresentado anteriormente neste livro e é um dos mais importantes a ser apurado na operação ferroviária.

12.3.2 Velocidade

Velocidade Média do Trem é a distância efetivamente percorrida pelo trem dividido pelo tempo efetivo de viagem.

Velocidade Média dos Trens é o somatório das velocidades médias de todos os trens dividido pelo número de trens.

A *Velocidade Comercial do Trem* considera a distância percorrida pelo trem dividida pelo tempo que ele gastou para percorrer essa distância. A diferença para a velocidade média é que o tempo analisado considera o tempo da saída até a chegada, incluindo os tempos quando o trem está parado.

Velocidade Média Comercial é a somatória das velocidades comercial de todos os trens dividida pelo número de trens.

12.3.3 Produtividade

A produtividade é definida como a relação entre a quantidade total de TKU dividida pela quantidade total de TKB. Esse indicador fornece o estado de ocupação dos vagões de carga, pois ele informa a produção (toneladas de carga transportada por quilômetro) em relação à produção total (toneladas brutas por quilômetro). Quanto mais próximo de 1 melhor é a relação. Assim, a FCA tem uma tendência a ter valores mais próximos de 1 do que a EFVM e a EFC, pois a FCA tem grande possibilidade de conseguir carga de retorno para seus vagões; no caso da EFVM e a EFC este fato não é tão relevante na frota majoritária de GDE e GDT, pois essa frota de vagões tem a função específica de retirar carga de minério das minas e levar até o porto sem considerar a carga de retorno. Em alguns casos, pode-se até ter carga de retorno, como no caso do carvão na EFVM.

12.3.4 Número de trens formados

O número de trens formados não é um índice tão difundido quanto os anteriormente vistos, porém ele é muito importante, pois deve-se saber para certo TKU se a ferrovia fez circular mais ou menos trens.

Comparando dados mensais, pode-se analisar que para um mês, por hipótese, para certo TKU foi necessário formar x trens e no outro mês, para o mesmo TKU foi necessário formar $x + \Delta$ trens.

Isso quer dizer que mesmo transportando o mesmo TKU a ferrovia teve mais esforço em fazer o transporte, utilizando-se de trens menores e, possivelmente, gastando mais locomotivas, mais maquinistas e, eventualmente, prejudicando o tráfego e a eficiência energética.

12.3.5 Trem Hora Parado (THP)

O Trem Hora Parado (THP) vem sendo largamente cobrado nas ferrovias e representa efetivamente o tempo que um trem ficou parado sem circular. A mensuração do THP leva em conta a composição completa (locomotivas e vagões) e não cada material rodante em questão. O indicador THP representa o tempo que o trem ficou parado, não circulando, associado a um evento que caracteriza o motivo da parada, desde que ele é liberado até sua chegada ao destino. As paradas dos trens podem ser classificadas em obrigatórias e não obrigatórias.

12.3.6 Percentual de utilização da disponibilidade de locomotiva

Da frota total de locomotivas descontam-se as locomotivas imobilizadas e calcula-se a frota efetiva disponível. Dessa frota disponível, multiplicando-se por 24 horas e pelo período de análise, normalmente um mês, tem-se a disponibilidade de locomotivas. Apura-se quanto tempo efetivamente utilizou-se de locomotivas em circulação e divide-se pela disponibilidade, obtendo, assim, o indicador que mede o percentual de utilização da frota disponível de locomotivas.

12.4 Indicadores de Utilização da VP

12.4.1 Grau de impedimento da via

Pode ser expresso pela relação entre a extensão dos trechos da via interrompidos ao tráfego e a quilometragem total da via. Sua maior função é saber o grau de interferência causado por janelas de manutenção, falhas de materiais na capacidade de fluxo da via permanente.

12.5 Indicadores de Acidentes com Patrimônio

12.5.1 Quantitativo de acidentes por causa

É o número total de ocorrências ocasionadas diretamente pelo veículo ferroviário provocando dano ao próprio material rodante, ou a instalação fixa, pessoa, animal e/ou outro veículo. As ocorrências, de acordo com suas causas, podem ser categorizadas como: via permanente; material rodante; falha humana; sinalização, telecomunicações e eletrotécnica entre outras. A apresentação é por unidade e possui periodicidade de apuração mensal ou por outra determinação. Sua aplicabilidade está na avaliação dos planos de transportes no que se refere à segurança operacional.

12.5.2 Índice de segurança operacional

Neste índice, apura-se a relação entre o número total de acidentes com a frota em tráfego e a quilometragem percorrida pela frota. O valor apurado é expresso em acidentes por milhão de trens $\times$ km e serve para avaliar o nível de segurança do tráfego ferroviário.

12.6 Indicadores de Acidente do Trabalho

É de fundamental importância ter índices que apurem a segurança das pessoas envolvidas na operação da ferrovia. A seguir, são apresentados os índices mais importantes:

1. Número de acidentes com perda de tempo.
2. Número de acidentes sem perda de tempo.
3. Número de horas de afastamento por acidentes operacionais.
4. Número de mortes no exercício das atividades do trabalho.

Deve-se lembrar que uma operação rápida de nada adianta se mutilar ou matar os colaboradores da área. Portanto, todos os índices citados anteriormente devem sempre ter como meta o valor ZERO.

12.7 Indicadores de Pátios Ferroviários

12.7.1 Índices para pátio de manobra

O melhor índice de controle da eficiência de um pátio ferroviário ou terminal ferroviário é, inquestionavelmente, o tempo que o vagão ficou operando no pátio, ou seja, o tempo que ele ficou à disposição das operações do pátio. Pode-se, para efeito de simplificação, adotar um tempo médio de permanência, tendo em vista a grande dificuldade de se analisar vagão a vagão.

No entanto, os dados de cada vagão devem existir a fim de que se apure os motivos de cada discrepância em relação à média, a fim de tomar atitudes preventivas para que os motivos não mais ocorram em situações similares. Esses dados servem, também, no caso de se provar que uma estadia alta não ocorreu por falha da operação do pátio, ou para expurgar os dados daquele vagão do cálculo da permanência média dentro do pátio.

Uma situação que pode ocorrer é o pátio receber um vagão para descarga, mas o cliente não ter espaço para armazenar o produto e, assim, o vagão fica parado esperando abrir espaço. É muito importante essa análise, pois além de não contar para a permanência média do vagão dentro do pátio, deve-se cobrar multa do cliente por permanência do vagão além do combinado, ou seja, o vagão ficou disponível além do tempo contratado.

Se o problema ocorrer por falhas mecânicas de vagões e locomotivas, não se pode cobrar financeiramente da oficina mecânica, mas essas apurações podem ser levadas para reuniões gerenciais, a fim de mostrar o impacto de uma manutenção inadequada na produtividade do pátio.

Para adotar a permanência dentro do pátio como índice de controle, deve-se ter o cuidado de segregar os vagões que entram no pátio de manobra com a intenção de ficarem estacionados, por ainda não terem destino designado. Isso pode ocorrer em ferrovias com pouco fluxo de mercadoria ou períodos de baixa movimentação e transporte.

Em pátios de manobra muito grandes, pode-se adotar uma permanência dentro do pátio parcial, ou seja, o tempo de permanência do vagão no pátio de recepção, no pátio de classificação e no pátio de formação. Com essa medida, pode-se avaliar onde estão os gargalos do pátio de manobra.

Outros índices de controle devem ser adotados. A seguir, são sugeridos alguns itens que podem ser interessantes e que afetarão diretamente a permanência média do vagão dentro do pátio. São eles: número de vagões recebidos, número de clientes atendidos, toneladas (ou unidades) movimentadas nos terminais ferroviários (carregamento e descarga), quantidade de HP disponível no pátio, número de chaves contra, toneladas (ou unidades) movimentadas/quantidade de HP disponível.

13

Conceitos Mínimos de Material Rodante

O material rodante é o conjunto de todos os equipamentos que se locomovem sobre a via permanente. O material móvel das estradas de ferro, material rodante, é classificado pela sua capacidade de tração:

1. Material de tração;
2. Material rebocado.

O material de tração é composto pelos seguintes veículos: as locomotivas, os equipamentos de via e os diversos veículos motorizados que podem circular na ferrovia. Usualmente, as locomotivas são também denominadas material de tração, confundindo-se com o sentido mais amplo do termo material de tração.

O material rebocado é composto pelos seguintes veículos: os carros que transportam os passageiros e os vagões que transportam as cargas.

Serão detalhadas a seguir as características do contato roda-trilho do material rodante. Posteriormente, serão apresentados os dois tipos de material rodante que circulam na ferrovia.

13.1 Características de Contato Roda-Trilho

O material rodante só se desloca sobre os trilhos por simples aderência entre as rodas das locomotivas e os trilhos. Mais especificamente, são as rodas das locomotivas que tracionam a composição.

Uma característica importante é que a roda dos veículos ferroviários é solidária ao eixo que as une, isto é, não há movimento relativo entre o eixo e a roda. Uma consequência direta disso é que, nas curvas, ocorre o efeito de escorregamento da roda em relação ao trilho, pois uma roda descreve uma trajetória maior – a do trilho externo – do que a outra – do trilho interno. Portanto, quanto maior o raio, menor a diferença entre o comprimento do trilho externo e o do trilho interno e, consequentemente, menor o efeito de escorregamento.

As rodas são sempre paralelas entre si e montadas em uma estrutura denominada truque. Elas se apoiam sobre os trilhos e, como estes são paralelos, elas também devem estar paralelas (Figura 13.1).

Na Figura 13.2 é apresentado o detalhe do contato roda-trilho. O primeiro aspecto a ser analisado é que a roda possui um friso de espessura F_e, de aproximadamente 2,93 cm, e altura F_h, de aproximadamente 2,54 cm. Esse friso é uma continuidade da roda, como pode ser visto nas Figuras 13.1, 13.2 e 13.3, que serve para manter a roda dentro dos trilhos sem escapar do trajeto imposto pelos dois trilhos da via permanente.

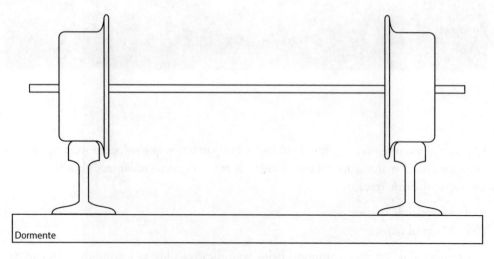

Figura 13.1 Rodas em relação ao trilho.

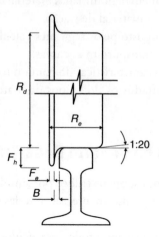

Figura 13.2 Detalhe contato roda-trilho.

Na Figura 13.3 podem ser vistos detalhes da roda, o friso da roda fica na parte interna do trilho, o passeio da roda é a área da roda que pode tocar o boleto do trilho e o contato roda-trilho é efetivamente a área do passeio da roda que toca o boleto do trilho. Nas curvas, é o friso da roda, que apoiado no trilho externo, permite que o trem faça a curvatura. No trecho em tangente, é o friso que mantém o trem alinhado com os dois trilhos.

O segundo aspecto a ser analisado na Figura 13.2 é que a roda possui um ângulo na proporção de 1:20, que confere a ela um formato cônico. Esse formato cônico da roda é muito importante, pois mantém, através da força da gravidade, o trem alinhado nos trilhos quando percorre um trecho em tangente e melhora a inscrição em curva.

Outro aspecto importante desse formato cônico é permitir que a roda, ao fazer uma curva, "suba" no trilho externo da curva e "desça" no trilho interno, e, ao final, faça o movimento inverso, alinhando o trem nos trilhos. Esse movimento só é possível

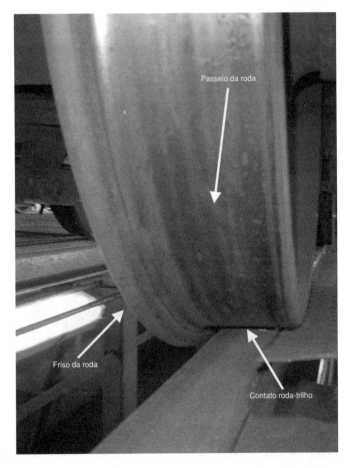

Figura 13.3 Detalhe da roda sobre o boleto do trilho e detalhe do friso.

porque, como pode ser visto na Figura 13.2, existe uma folga B, que pode variar de 1,0 cm a 2,0 cm, entre o friso da roda e o trilho. Essa folga existe porque não há a garantia perfeita do alinhamento da via. A folga B é que provoca o balanço do trem quando ele está em viagem, sendo esse balanço gerado pelos movimentos de "subida" e "descida" das rodas sobre os trilhos, conforme explicado anteriormente. Essa folga é conhecida como *jogo da via*.

Esse movimento reflete a busca das rodas pelos frisos e a ação da gravidade, pelo alinhamento do trem com os trilhos. Nas ferrovias de mais alta velocidade, essa folga deve ser minimizada ao máximo, o que implica um ótimo alinhamento da via. Na Figura 13.2, pode-se ver a medida R_d, que é o diâmetro da roda, que pode ter várias dimensões, podendo variar de 84,0 a 96,5 cm, conforme a bitola e o peso dos veículos. Outra medida que pode ser vista na mesma figura é a espessura da roda representada por R_e, que possui a dimensão aproximada de 14,0 cm.

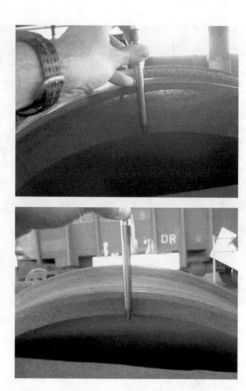

Figura 13.4 Desgaste da bandagem da roda.

Por fim, deve-se definir a bandagem da roda, que é a espessura de aço que a roda possui e que define a vida útil da roda. A roda, pelo contato roda-trilho, vai se desgastando até chegar a um limite de vida útil. Na Figura 13.4 pode ser visto o desgaste da bandagem da roda.

13.2 Rodeiro

Para que as rodas se mantenham paralelas, elas devem ser unidas por um eixo. A união de um par de rodas a um eixo denomina-se rodeiro. Os rodeiros são formados por duas rodas unidas por um eixo solidário às rodas, não havendo movimento relativo entre as rodas, paralelas entre si, e o eixo. Na Figura 13.5 pode-se ver um rodeiro após ter sido montado em máquina própria. Denomina-se essa tarefa como eixar o rodeiro.

O rodeiro de locomotiva difere do rodeiro de vagão, pois ele possui ainda uma engrenagem denominada coroa, que fará a conexão com o eixo do motor denominado pinhão (Figura 13.6).

13.3 Truque

O truque é uma estrutura rígida de aço que se apoia sobre, no mínimo, dois rodeiros. No Brasil, a maior parte dos vagões possui dois rodeiros por truque. A Figura 13.7 apresenta uma vista lateral de um truque de vagão e a Figura 13.8 apresenta uma vista lateral de um truque de locomotiva. O truque possui uma estrutura denominada prato-pião, na qual a parte superior do vagão e/ou da locomotiva é apoiada.

Figura 13.5 Rodeiro pronto após ter sido **eixado**.

Figura 13.6 Truque de locomotiva com coroa **eixada** e pinhão do eixo do motor.

Figura 13.7 Truque de vagão.

Figura 13.8 Visão lateral do truque de locomotiva com motor de tração no truque.

As locomotivas podem possuir 2, 3 ou 4 rodeiros por truque. Usualmente as locomotivas de bitola larga possuem três rodeiros por truque e em alguns casos na bitola métrica usa-se quatro rodeiros por truque.

Na locomotiva, o truque ainda tem a função de apoiar o motor de tração. Os motores de tração se apoiam de um lado sobre o eixo do rodeiro e do outro à travessa da estrutura do truque da locomotiva. Os truques de locomotiva, de maneira geral, são classificados de acordo com o número de eixos motorizados. Os mais comuns são:

1. Truque B - contém 2 rodeiros motorizados.
2. Truque C - contém 3 rodeiros motorizados.
3. Truque D - contém 4 rodeiros motorizados.

Assim, uma locomotiva B–B possui dois truques com dois rodeiros motorizados por truque. A locomotiva C–C possui dois truques com três rodeiros motorizados por truque. A locomotiva D–D possui dois truques com quatro rodeiros motorizados por truque. Essas situações podem ser vistas na Figura 13.9.

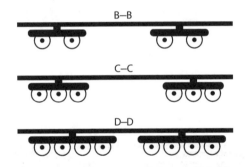

Figura 13.9 Tipos de locomotivas em função do número de rodeiros motorizados.

O tamanho do motor de tração é limitado pela bitola da ferrovia que acaba sendo a distância entre as rodas do rodeiro. No Brasil, algumas ferrovias de bitola métrica, visando aumentar a capacidade de tração, optaram por realizar um projeto de truque de locomotiva em que fosse possível aumentar o número de rodeiros e, por conseguinte, o número de motores de tração. Assim, criou-se no Brasil, as locomotivas B+B – B+B em que cada truque possui dois pares de truques com dois rodeiros motorizados cada um. Para ser possível essa instalação, foi criada uma barra denominada *span bolster* que interliga cada par de truques. Isso pode ser visto na Figura 13.10 e na Figura 13.11.

13.4 Material de Tração

Como material de tração existem os seguintes tipos de veículos:

1. locomotivas;
2. equipamentos de via;
3. outros.

Figura 13.10 Visão do *span bolster*.

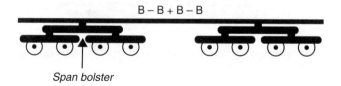

Figura 13.11

No escopo deste livro, somente as locomotivas serão analisadas. Isso se deve a sua maior relevância para o transporte ferroviário. As locomotivas podem ser classificadas em dois grupos:

1. locomotivas de viagem;
2. locomotivas de manobra.

As locomotivas de viagem puxam o trem de carga ou de passageiros pela via principal ou secundária. As locomotivas de manobra movimentam os trens de uma linha a outra nos pátios das estações ferroviárias.

A seguir, serão detalhadas as locomotivas diesel-elétricas, pois o foco deste livro é o transporte de carga, e, praticamente, todas as ferrovias brasileiras de carga utilizam este tipo de locomotiva.

As locomotivas diesel-elétricas possuem diversas vantagens. Como geram sua própria energia elétrica, elas podem operar em qualquer lugar onde existam trilhos. As locomotivas diesel-elétricas também podem percorrer longos percursos sem interromper a marcha para reabastecimento ou manutenção. Cada locomotiva diesel-elétrica é equipada com dois tipos de motores:

1. um motor a diesel;
2. vários motores elétricos.

A combustão do motor a diesel produz energia que é transformada por um gerador de eletricidade que, por sua vez, alimenta os motores elétricos que efetivamente geram a tração que comanda as engrenagens que giram as rodas da locomotiva. Um desenho esquemático de uma locomotiva diesel-elétrica pode ser visto na Figura 13.12.

Existem locomotivas operando com motores elétricos, ou simplesmente motores de tração, de corrente contínua ou corrente alternada.

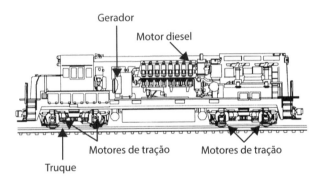

Figura 13.12 Locomotiva diesel-elétrica.

13.4.1 Dinâmica ferroviária

Existem dois fatores importantes para que a locomotiva possa mover toda a composição ferroviária. São eles:

1. esforço trator;
2. potência.

Para explicar esses dois fatores, é necessário definir o que vem a ser aderência. Aderência, em termos físicos, é a força passiva exercida entre as moléculas das superfícies em contato, agindo de maneira a opor-se à força que tende a produzir o desligamento dessas superfícies.

Em termos ferroviários, a força de aderência é definida como a força de resistência que a roda motriz da locomotiva encontra ao tentar rolar sobre o trilho (Figura 13.13). Essa força de aderência é calculada pela fórmula $F_a = \mu \times P$, em que F_a é a força de aderência, μ é o coeficiente de aderência e P é o peso da locomotiva sobre cada roda.

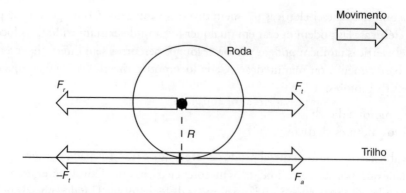

Figura 13.13 Forças que atuam no início do movimento.

Para exemplificar a dinâmica ferroviária, será analisada a situação em que uma locomotiva parada pretende iniciar o movimento puxando uma composição ferroviária que representa uma força F_r contrária ao movimento. Para a locomotiva começar a se deslocar, aplica-se um conjugado de forças de tração F_t e $-F_t$ que, por meio da alavanca do raio R, busca gerar o movimento de rotação da roda e, consequentemente, o movimento de puxar uma composição. Em oposição a esse movimento, também existe a força de resistência F_r, que é o total de força a ser vencido. De maneira simples, é o peso da composição ferroviária a ser deslocado dividido pelo número de rodas motrizes da locomotiva.

Em oposição à força de tração $-F_t$, ocorre a força de aderência F_a, que resiste ao movimento de rotação da roda. Assim sendo, quando $-F_t$ for igual a F_a e F_t for maior que F_r, a composição começará a se mover. Dessa explicação define-se que o esforço trator é a força mínima necessária para igualar a força de aderência e ao mesmo tempo superar a força de resistência F_r, iniciando assim o movimento.

Se a força de tração F_t for maior que a força de aderência F_a e maior que a força de resistência F_r, ocorre o fenômeno denominado patinagem, em que a roda gira sem haver o deslocamento do ponto de contato. Um mecanismo que é usado para aumentar o coeficiente de aderência é lançar areia entre os trilhos e a roda. Esse é o motivo por que até hoje as locomotivas possuem um compartimento para carregar areia, denominado areeiro.

O outro mecanismo para aumentar a aderência é aumentar o peso da locomotiva. Essa solução envolve uma análise mais delicada, pois, para aumentar o peso da locomotiva, toda a via permanente deve suportar essa carga extra de peso. Além disso, as pontes devem suportar, também, o peso extra.

Outra solução é aumentar o número de rodas motrizes das locomotivas, pois a força de resistência F_r é o peso da composição ferroviária a ser deslocado pelo número de rodas motrizes da locomotiva. Portanto, a F_r vai ser reduzida à medida que tiver mais rodas motrizes. Isso explica por que as locomotivas atuais possuem todas as suas rodas motorizadas.

A potência da locomotiva é medida em HP (*horsepower*) e pode ser vista como a capacidade que ela tem de gerar força de tração. Como dito anteriormente, a potência é limitada pela força de aderência e, portanto, na partida da locomotiva, não se pode dar potência máxima, pois pode ocorrer o efeito de patinagem de suas rodas.

13.5 Material Rebocado

O material rebocado é basicamente formado pelos vagões e pelos carros de passageiros. O vagão é o veículo destinado ao transporte de cargas e não possui capacidade motriz e, portanto, necessita ser rebocado. Os veículos para o transporte de passageiros são denominados carros de passageiros ou simplesmente carros. O vagão é composto de duas partes principais:

1. caixa,
2. truque.

A caixa é a parte na qual, efetivamente, a carga é acomodada para transporte. Possui as suas dimensões de acordo com a bitola da via e a carga que será transportada. A caixa é confeccionada de diversos materiais. Os mais comuns são aço, alumínio e, mais recentemente, os de semi-inox.

O truque, como foi visto anteriormente, é o conjunto de base rígida mais rodeiros que suportam a caixa. Como cada vagão possui dois truques, um truque possui dois rodeiros e um rodeiro duas rodas, então cada vagão possui oito rodas. Na Figura 13.14 pode-se ver a caixa de um vagão-gôndola tipo GDE separada de um dos seus dois truques.

A caixa se conecta ao truque por meio de um encaixe denominado prato-pião que possui uma parte no truque, Figura 13.15, e outra na própria caixa.

Figura 13.14 Visão da caixa e de um truque do vagão.

Figura 13.15 Visão do prato-pião de um vagão.

Figura 13.16 Vagão-gôndola para minério de ferro.

Os vagões podem ser fechados ou abertos. Os abertos podem ser dos tipos:

1. Gôndola: granéis sólidos sem necessidade de proteção contra intempéries (Figura 13.16);
2. Plataforma: contêineres, semirreboques rodoviários, bobinas de aço, peças e equipamentos volumosos etc. (Figura 13.17);
3. Hopper aberto: granéis sólidos, sem necessidade de proteção contra intempéries (Figura 13.18).

Figura 13.17 Vagão plataforma.

E os fechados podem ser dos tipos:

1. Fechado: carga geral, protegida contra intempéries (Figura 13.19);
2. Tanque: granéis líquidos (Figura 13.20);
3. Hopper fechado: granéis sólidos, com necessidade de proteção contra intempéries (Figura 13.21).

Figura 13.18 Vagão Hopper aberto.

Figura 13.19 Vagão fechado.

Figura 13.20 Vagão-tanque para combustíveis.

Figura 13.21 Vagão Hopper fechado.

14

Conceitos Mínimos de Sistemas de Sinalização e Comunicação

14.1 Sinalização

Atualmente existem três formas possíveis de se localizar uma composição ferroviária na via permanente. São elas:

1. Manual;
2. GPS (*Global Positioning System* - Sistema de Posicionamento Global);
3. Eletrificação dos trilhos.

A forma manual é feita pelo agente da estação através do registro da passagem do trem na estação. Essa informação é passada para o centro de controle operacional, quando houver, ou é passada para o agente da próxima estação. Atualmente, esse método é usado somente em ferrovias com poucos recursos, podendo-se dizer que esse método não deve ser considerado em nenhuma hipótese para um projeto de uma ferrovia.

O GPS é um sistema composto por um conjunto de 24 satélites, que percorrem a órbita da Terra a cada 12 horas. Ele permite que por meio de dispositivos eletrônicos, GPS receiver, possa ser feita a localização geográfica da locomotiva equipada com equipamento próprio. Portanto, estando a locomotiva equipada com um GPS receiver, é possível saber sua localização. Essas coordenadas são enviadas para o CCO por meio de sistema de comunicação via satélite. E, caso a ferrovia possua o mapa georreferenciado da sua malha, ela pode cruzar esse mapa com a posição dada pelo GPS e o responsável pelo controle de tráfego pode acompanhar o deslocamento da composição sobre o mapa em uma tela do computador.

O sistema é basicamente composto de uma antena de recepção, envio de dados e posição, e um console, Figura 14.1, por onde pode-se mandar e receber mensagens, sendo este o principal meio de comunicação entre o maquinista e o Centro de Controle Operacional via macro digitadas, Figura 14.2. Na locomotiva, a antena é colocada na parte superior e fixada por meio de imãs na base (Figura 14.3).

Como o sistema é instalado somente na locomotiva, não há como verificar pelo GPS o desacoplamento de alguma parte da composição. Assim, não existindo uma solução para a detecção automática do desacoplamento dos vagões para as formas do tipo manual e por GPS, foi criado o sistema *End of Train* (EOT) que possui instalado na cauda da composição, no último vagão, um módulo transdutor de pressão com antena para comunicação com a locomotiva (Figura 14.4). Possui ainda uma mangueira para acoplamento ao encanamento de ar do último vagão como encanamento geral (Figura 14.5).

A bordo da locomotiva existe um equipamento que lê os dados da cauda do trem e assim o maquinista pode controlar se a pressão de ar na locomotiva está igual ou próxima à lida na cauda da composição.

Figura 14.1 Sistema GPS fora da locomotiva.

Figura 14.2 Detalhe do console de um sistema GPS.

Figura 14.3 Antena posicionada na parte externa da locomotiva.

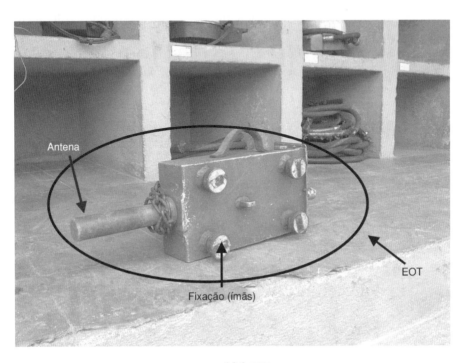

Figura 14.4 EOT.

Figura 14.5 Sistema EOT instalado na cauda da composição.

O sistema de eletrificação dos trilhos segmenta os trilhos em seções de bloqueio definidas pela colocação de talas isolantes no início e fim de cada trecho nos dois trilhos, como é possível observar na Figura 14.6.

Quando o trecho está sem veículo (Figura 14.6), a corrente elétrica emitida pela bateria passa direto pelo trilhos e é recebida no circuito da linha. Quando um veículo ferroviário entra na seção de bloqueio, ele fecha o circuito da bateria com a roda e o eixo

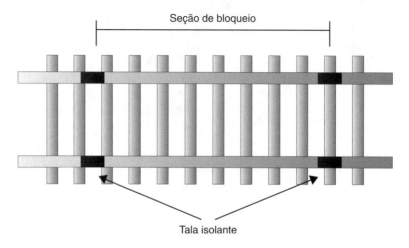

Figura 14.6 Via eletrificada - livre tráfego.

e não passa energia para o circuito da linha. Esse sistema não necessita do sistema EOT de detecção de desacoplamento da composição, pois, caso exista, a parte da composição que ficou desacoplada ficará estacionada sobre a via, fechando o circuito e acusando a linha ocupada.

14.2 Comunicação

A comunicação entre os empregados de campo, incluindo maquinistas e auxiliares de maquinistas, e o centro de controle operacional pode ser feita de duas formas:

1. rádio,
2. satélite.

O sistema de rádio é o mais simples de ser usado, e utiliza o sistema VHF ou UHF para comunicação com a locomotiva e o CCO em canais preestabelecidos. Os rádios podem ser fixos ou móveis. A comunicação por satélite já foi vista anteriormente no assunto sobre sinalização.

Bibliografia

BRINA, Helvécio Lapertosa. **Estradas de ferro**. Rio de Janeiro: LTC, 1983. v. 2.

HAY, Willian. **Railroad engineering**. 2. ed. New York: Wiley-Interscience, 1982.

PACHL, Joern. **Railway operation and control**. Washington: VTD Rail Publishing, 2004.

RIVES, Fernando Oliveros; MENDEZ, Manuel Rodriguez; PUENTE, Manuel Mejía. **Tratado de explotación de ferrocarriles (planificacion)**. Madri: Rueda, 1983. v. 1.

ROSA, Rodrigo de Alvarenga. **Ferrovias**: conceitos essenciais. Instituto Histórico e Geográfico do Espírito Santo, 2004.

TOGNO, Francisco M. **Ferrocarriles, representaciones y servicios de ingeniería**. México, 1973.

WHITE, Thomas. **Managing railroad transportation**. Washington: VTD Rail Publishing, 2005.

_____. **Elements of train dispatching**. Washington: VTD Rail Publishing, 2003. v. 1.

_____. **Elements of train dispatching**. Washington: VTD Rail Publishing, 2003. v. 2.

Índice

A

Aderência, 145
  força de, 145
Análise da possibilidade de aumento da capacidade
  da via, 59-62
Área de estocagem, 125
Areeiro, 146
Association of American Railroads, 54
Auxiliar de maquinista, 19

C

Cabo *jumper*, 9
Caixa, 147
Cálculo
  da frota
    de locomotivas, 67, 68, 71
      pela fórmula de Colson, 71
    de vagões, 65, 66, 70
      para atender um fluxo
        contratado, 69-71
      pela fórmula de Colson, 71
  da rotação, dos vagões, 65, 70
    média, 68
Capacidade
  análise dos tipos de, 47
  da via em termos de tonelada transportada, 57-59
  de circulação das ferrovias, cálculo da, 48-57
  de linha dupla, sinalizada com seção de bloqueio
    por espaço físico, 55-57
  de um trecho da via, 50
  disponível, 48
  econômica, 46, 47
    gráfico da, 46
  máxima da via, 50, 51
  prática, 44, 45
    cálculo da, 52
  teórica máxima, 44, 54
  tipos de, 44
Carga(s)
  a granel, 3
    tipos de, 3
  equipagem em trens de, 19
  geral, 3
    tipos de, 3
  transportada por vagão, aumento da, 60
  trens de, 14
Carregamento de forma
  contínua, 122
  estática, 122

Centro de controle
  de pátios (CCP), 85
  operacional (CCO), 21, 22
    equipes específicas que trabalham no, 23, 24
    operacionalização das funções do, 22, 23
Chave
  boa, 81
  contra, 81
  fazer, 79
Ciclo
  de trem, 132
  de vagões, 64, 65
    desenho esquemático do, 64
Circulação
  de trens, 7
  em linha
    dupla, 26
    singela, 26-28
Classificação
  dos trens quanto à sua função, 13, 14
  pátio de, 90-94
Cobertura de cauda, 78
  do vagão plataforma vazio, 80
  em vagão gôndola, 79
  para locomotiva escoteira, 80
Coeficiente de aproveitamento da capacidade do
  vagão, 58
Colson
  fórmula de, 53, 54
  método de, 59
Comandante, 9
Composição ferroviária, 9
  formas de localizar uma, 153
Comunicação, 157
  por satélite, 157
Contato roda-trilho
  características de, 137-140
  detalhe, 138
Corte de vagão, 77

D

Desengatar
  locomotiva, 78
  vagão, 78
Desgaste da bandagem da roda, 140
Destacamento, 19
Desvio(s), 75
  feixe de, 79
  tipos de, 75
Dimensões de pátio de cruzamento, 28

Índice

Dinâmica ferroviária, 145, 146
Direito de passagem, 7
Distribuição de recursos, 23
Divisão de uma ferrovia, 5

E
Elevação do padrão de manutenção da via, 62
Elevado, 102
Empilhadeira(s)
    de *clamp*, 110
    de garfo, 110
    reach stacker, 114
    top lift, 114
Engate(s), 13
    de locomotiva, 77
    de vagão, 77
    tipo E, 13
    tipo F, 13
Equipagem
    dos trens, 7
    em trens
        de carga, 19
        de passageiros, 19
    equipe de controle de, 24
Equipamento(s)
    de transferências, 125, 126
    para operação de carga geral, 110
Equipe de controle
    de equipagem, 24
    de locomotiva, 23
    de tráfego, 24
Estações ferroviárias, 84-86
Estrada de Ferro Vitória a Minas (EFVM), 26

F
Fazer chave, 79
Feixe de desvios, 79
Ferrovia(s), 2
    divisão de uma, 5
    elementos físicos de uma, 2
    método do gráfico de trens para projeto de
        uma, 52, 53
    modos de integração entre duas, 7
    planejamento de uma, 39-42
Ferroviária(s)
    composição, 9
    operação, 2, 5
    peras, 15
Fluxo de transporte, 5
    contínuo, 65, 66
Força de aderência, 145
Formação de trem, 81
Formas de localizar uma composição
    ferroviária, 153
Fórmula de Colson, 53, 54
    para cálculo da frota
        de locomotivas, 68
        de vagões, 66, 67
Freio, 12
    a ar, 12
    dinâmico, 12
Frente, 9
Frota, 64
Função da operação, 6

G
GPS, 153
Grade de trens, 28
Gráfico
    da capacidade econômica, 46
    de circulação de trens, 30-39
    de trens
        com erro de conflito, 35
        função do, 39
        método do, 49-53
Grau de impedimento da via, 134

H
Headway, 55, 56
Helper, 11
Horse power, 146
Humpyard, 91

I
Indicador(es)
    de acidente(s)
        com patrimônio, 134
        do trabalho, 134, 135
    de eficiência energética, 132
    de pátios ferroviários, 135
    de produção, 129-132
    de utilização
        da VP, 134
        do material rodante, 132-134
Índice
    de segurança operacional, 134
    para pátio de manobra, 135
Inspeção nos vagões, 90
Instalação(ões)
    de estocagem, 125
    para carregamento de vagões, 98-101
    para descarga de vagões ferroviários, 101
Interação da operação com outras áreas, 6

J
Jogo da via, 139

K
Key performance indicator (KPI), 129

L
Licenciamento, 14
Linha(s)
    comprimento, 121
        total das, 123
    de circulação, 91
    férreas, 121-123
    ferroviárias, 74
        comprimento de, 74
    nos terminais ferroviários, comprimento
        da, 121, 122
    número de, 122, 123
    para-choque de fim de, 76
Locomotiva(s)
    cálculo da frota de, 67, 68
    de manobra, 123, 124, 144
    de viagem, 90, 144

desengatar, 78
diesel-elétricas, 144
distribuída na composição, 12
engate de, 77
equipe de controle de, 23
escoteira, 77
fórmula de Colson para cálculo da frota
de, 68
potência da, 146
Locotrol, 11

# M
Manobra(s)
ferroviária, 77
possíveis de retorno de um trem em uma estação
final, 14-18
Mapa de controle de operações de pátios
ferroviários, 85, 86
Maquinista, 19
auxiliar de, 19
Material(is)
de tração, 2, 137, 143-146
rebocado, 2, 137, 146-151
rodante, 2, 137
de pátios ferroviários, 75
indicadores de utilização do, 132
Medidas em relação à via, 61
Melhorias nas rampas críticas, 61
Método
AAR, 54
de Colson, 59
de Oliveros Rives, 57, 58
do gráfico de trens, 49-53
para projeto de uma ferrovia, 52, 53
Modal ferroviário, 3
Modernização do sistema
de gerenciamento, 61
de licenciamento e sinalização, 61
Modificações de traçado, 61
Modo de integração entre duas ferrovias, 7
Moegas ferroviárias, 105
Monocondução, 19
Motor de tração, tamanho do, 143
Muro de carregamento, 99

N
Número de trens formados, 133

O
Operação, 5, 60, 61
de pátio(s)
de cruzamento, 27
e terminais, 7
ferroviária, 2, 5
taxonomia da, 7
função da, 6

P
Para-choque de fim de linha, 76
Passar
ar, 78
vento, 78

Pátio
com única linha de estacionamento, 27
dimensões de, 28
operação de, 27
combinado, 88
de classificação, 90-94
com *humpyard*, 91-94
plano, 91
de cruzamento, 26, 27
ampliação de, 61
de formação, 94, 95
de intercâmbio, 83, 84
de manobra, 88, 97
índice para, 135
subdivisões de um, 89
tipos de, 88, 89
de oficina, 83
de recepção, 89, 90
decisões em relação à escolha do local de um, 76
dimensionamento do, 120-126
ferroviário, 73
elementos de um, 74-76
importância dos, 73, 74
indicadores de, 135
mapa de controle de operações de, 85, 86
material rodante de, 75
operações típicas em, 82, 83
projeto do, 119
tipo de, 83
parcial, 135
permanência dentro do, 135
progressivo, 88, 89
Peras ferroviárias, 15
Percentual de utilização da disponibilidade de
locomotiva, 133, 134
Permanência dentro do pátio, 135
parcial, 135
Planejamento
de uma ferrovia, 39-42
programação e controle (PPC), 22
Pontes rolantes, 112, 113
Pórticos, 112
Potência da locomotiva, 146
Praia do terminal, 98
Procedimento(s)
administrativos, 84
operacionais, 84
Produtividade
da malha, 130, 131
de empregado, 131
de locomotiva, 131
de vagão, 131
Projeto
dos pátios ferroviários, 119
objetivos do, 119
regra principal de, 126
Proposta de programação dos trens, 36
em função de prioridade, 36
Puxar o trem, 78

Q
Quantitativo de acidentes por causa, 134
Quilometragem morta, 23

R

Receita, 131, 132
Recuar o trem, 78
Retenção de vagão, 81
Reversão, triângulo de, 16
Roda(s)
    desgaste da bandagem da, 140
    em relação ao trilho, 138
Rodeiro, 140
Rotação, 64, 65
    de trem, 132
    do vagão, 65
    média de vagões, cálculo da, 68
Rotunda, 16, 17
Rubber tyred gantry (RTG), 114-118

S

Seção de bloqueio, 28-30
    tipos de, 29
Silo(s)
    agrícolas, 101
    de carregamento, 99
Sinalização, 153-157
    modernização do sistema de licenciamento e, 61
    por eletrificação de via, 29
    por meio de sistema de GPS, 29
Sistema
    de eletrificação dos trilhos, 156
    de rádio, 157
    End of Train, 153, 155
Spanbolster, 143

T

Taxonomia da operação ferroviária, 7
Tempo de permanência de um vagão dentro de um
    pátio, 81
Terminal
    a céu aberto, 109
    coberto, 109
    ferroviário, 97
        para carga geral, 107-114
        para contêiner, 114-118
        para granel, 97-107
            líquido, 107
            sólido, 98-107
    praia do, 98
Teste de cauda, 79
Tonelada
    quilômetro
        bruta, 130
        útil, 129, 130
    útil, 129
Torneira a meio pau, 78
Tráfego mútuo, 7
Transição entre linha singela e linha dupla, 62
Transtêiner, 114-118
Trem(ns), 59, 60
    aumento do comprimento do, 60
    ciclo de, 132
    circulação de, 7
    com erro de conflito, gráfico de, 35

com tração simples, 10
de carga, 14
de duas cabeças, 17, 18
de passageiros, 14
em função de prioridade, proposta de programação
    dos, 36
em tração múltipla, 10
equipagem dos, 7
formação de, 81
função do gráfico de, 39
grade de, 28
gráfico de circulação de, 30-39
hora parado (THP), 133
método do gráfico de, 49-53
proposta de programação dos, 36
puxar o, 78
quanto à sua função, classificação dos, 13, 14
recuar o, 78
rotação de, 132
velocidade
    comercial do, 132
    média do, 132
Tremonha, 105
Triângulo de reversão, 16
Truque, 140-143, 147
    de vagão, 142
Twenty foot equivalent units (TEU), 22

V

Vagão(ões), 146
    abertos, 147
    cálculo
        da frota de, 65, 66
        da rotação, 65
            média de, 68
    ciclo de, 64, 65
    clandestinos, 94, 95
    comprimento do lote de, 122
    corte de, 77
    desengatar, 78
    engate de, 77
    fechados, 150
    fórmula de Colson para cálculo da frota de, 66, 67
    Hopper
        aberto, 149
        fechado, 151
    inspeções nos, 90
    para carga a granel, sólida, 97
    plataforma, 149
    retenção de, 81
    rotação do, 65
    tanque para combustíveis, 151
    truque de, 142
    viradores de, 102
Velocidade, 132
    comercial do trem, 132
    média
        comercial, 133
        do trem, 132
Virador(es)
    de locomotiva, 16, 17
    de vagão, 102

Pré-impressão, impressão e acabamento

grafica@editorasantuario.com.br
www.editorasantuario.com.br
Aparecida-SP